职业院校计算机应用专业课程改革成果教材

计算机应用基础

Jisuanji Yingyong Jichu

主编　陈佳玉

副主编　顾　梅　陈仕琼

U0133735

高等教育出版社·北京

HIGHER EDUCATION PRESS　BEIJING

内容提要

本书是职业院校计算机应用专业课程改革成果教材，根据广东省"中等职业学校计算机应用专业教学指导方案"的要求编写而成。同时，考虑到职业院校学生获得"双证"的需求，本书还参考了"全国计算机等级考试大纲"来组织全书的任务内容和知识点。

本书的编写结合中等职业学校的教学实际环境，以 Windows XP 和 Office 2007 作为教学任务和案例的操作平台，内容包括"初识计算机——计算机基础知识"、"上手操作系统——Windows XP 的使用"、"遨游网络世界——Internet 应用"、"掌握文字处理——Word 2007 的使用"、"驾驭电子表格——Excel 2007 的使用"、"走进多媒体世界——多媒体软件的应用"、"制作演示文稿——PowerPoint 2007 的使用"。

本书配套《计算机应用基础演练指导》以及相应的助学光盘，助学光盘中包括支持网络教学的"计算机应用基础课程教学系统"软件和辅助题库、主教材中使用的案例素材、多媒体教学视频等。

本书还配套学习卡网络教学资源，使用本书封底所赠的学习卡，登录 http://sve.hep.com.cn，可获得相关资源。

本书不仅适合职业院校计算机应用基础教学使用，也适合需要参加全国计算机等级考试的学习者学习。

图书在版编目（CIP）数据

计算机应用基础 / 陈佳玉主编. —北京：高等教育出版社，2011.8
ISBN 978-7-04-032645-1

Ⅰ．①计…　Ⅱ．①陈…　Ⅲ．①电子计算机 - 中等专业学校 - 教材　Ⅳ．① TP3

中国版本图书馆 CIP 数据核字（2011）第 144458 号

策划编辑　俞丽莎	责任编辑　俞丽莎	封面设计　张　志	版式设计　马敬茹
责任校对　杨凤玲	责任印制　张福涛		

出版发行	高等教育出版社	咨询电话　400-810-0598
社　　址	北京市西城区德外大街4号	网　　址　http://www.hep.edu.cn
邮政编码	100120	http://www.hep.com.cn
印　　刷	北京天来印务有限公司	网上订购　http://www.landraco.com
开　　本	787mm×1092mm 1/16	http://www.landraco.com.cn
印　　张	16.75	版　　次　2011 年 8 月第 1 版
字　　数	410 千字	印　　次　2011 年 8 月第 1 次印刷
购书热线	010-58581118	定　　价　34.00 元（含光盘）

本书如有缺页、倒页、脱页等质量问题，请到所购图书销售部门联系调换
版权所有　侵权必究
物 料 号　32645-00

前　言

随着计算机应用的不断普及，"计算机应用基础"课程已成为中等职业学校学生必修的一门公共基础课。本书的编写结合中等职业学校计算机应用基础教学实际，以任务的形式贯彻落实各种学习技能的应用，学生在任务的引导下边学边练、不断进步。

本书是职业院校计算机应用专业课程改革成果教材。根据广东省"中等职业学校计算机应用专业教学指导方案"的要求编写而成。本书以 Windows XP 和 Office 2007 作为教学任务和案例的操作平台，主要内容包括：

单元 1　初识计算机——计算机基础知识
单元 2　上手操作系统——Windows XP 的使用
单元 3　遨游网络世界——Internet 应用
单元 4　掌握文字处理——Word 2007 的使用
单元 5　驾驭电子表格——Excel 2007 的使用
单元 6　走进多媒体世界——多媒体软件的应用
单元 7　制作演示文稿——PowerPoint 2007 的使用

本书的编写特色如下：

● 通过任务引领，突出学生技能培养

本书以"任务引领"为导向，摒弃了以往教材以理论为主的传统，注重技能培养，激发学生的学习兴趣。同时，在培养学生技能的同时，有效地补充理论知识，让教师教起来轻松，学生学起来容易。

● 教学活动难易适中，容易开展机房教学

本书以简单的基础入门任务为操作引导，由浅入深，积累学生学习信心。同时，为更好地适应分层教学，本书每个任务补充了拓展练习，方便学生不断地提高自己的操作技能。

● 配套数字教学资源丰富，引导学生自主学习

本书配套了《计算机应用基础演练指导》和助学光盘——"计算机应用基础课程教学系统"，与课程教学环节紧密结合，支持学生自主学习课程内容和在线自测练习。光盘中还提供了主教材中的全部素材和相关资源。

使用本教材进行教学时可以参考下列教学学时安排表：

单　元　名	学　　时	备　　注
单元 1　初识计算机——计算机基础知识	18	
单元 2　上手操作系统——Windows XP 的使用	18	
单元 3　遨游网络世界——Internet 应用	18	

续表

单 元 名	学 时	备 注
单元 4 掌握文字处理——Word 2007 的使用	26	
单元 5 驾驭电子表格——Excel 2007 的使用	26	
单元 6 走进多媒体世界——多媒体软件的应用	16	
单元 7 制作演示文稿——PowerPoint 2007 的使用	16	
机动学时	24	含复习、测评、考试、考证辅导
合计学时	162	

说明：建议使用配套的《计算机应用基础演练指导》教材及助学光盘

  本书由佛山市胡锦超职业技术学校陈佳玉担任主编、深圳市宝安职业技术学校顾梅和广东省电子职业技术学校陈仕琼担任副主编、谢新华和邹贵财参编。各单元编写分工如下：陈佳玉（单元 3、单元 7），谢新华（单元 6），邹贵财（单元 1、单元 4），顾梅（单元 5），陈仕琼（单元 2）。全书由佛山市胡锦超职业技术学校高级教师史宪美任主审。在编写过程中还得到了相关行业企业的大力支持，在此一并表示感谢。

  本书还配套学习卡网络教学资源，使用本书封底所增的学习卡，登录 http://sve.hep.com.cn，可获得相关资源。详细使用说明参见书末"郑重声明"页。

  由于编写时间仓促，加上计算机技术的发展日新月异，书中肯定存在不足和疏漏之处，敬请广大专家和读者不吝赐教。编者联系电子邮箱：JY1209@126.com。

编 者
2011 年 6 月

目　　录

单元 1

初识计算机

——计算机基础知识

【情景故事】

　　在初中，小梅就开始接触计算机，但应用的都是简单操作，计算机到底有哪些部件？计算机中安装了一些什么程序？小梅不知道。现在小梅升入职业学校，一定可以了解得更多，带着好奇，小梅走进了学校的计算机基础操作实训室。

【单元说明】

　　本单元主要介绍计算机的组成结构和常用设备等知识，通过上网、讨论、填表等方式，介绍计算机在生产和生活中的实际用途。学生要掌握计算机系统的组成和硬件组装过程，学习外部设备如摄像头、耳机和麦克风等的安装与维护，学习计算机文字录入的方法，掌握信息安全的常见应用技巧。

【技能目标】

（1）理解计算机在生产和生活各领域中的实际用途。

（2）认识计算机硬件的功能，会组装计算机基本硬件。

（3）掌握计算机文字录入的基本指法。

（4）会对摄像头、耳机和麦克风等外设进行安装与维护。

任务 1.1　计算机应用知多少

【任务说明】

　　计算机俗称为电脑，在今天信息社会的工作和生活中，计算机的应用占有极为重要的地位。计算机在生产和生活中的应用涉及科学计算、数据处理、辅导设计与制造、教育信息化、电子商务、人工智能、网络通信等众多领域。

【任务目标】

　　联系常见的职场岗位，说出计算机的用途，了解计算机的应用领域。

【实施步骤】

　　第 1 步：问题讨论，应用举例。

　　问题一：你本人曾经用计算机做过什么？请列举具体实例。

问题二：你见过或听说过的计算机应用有哪些？请列举具体实例。

根据大家的讨论，填写表 1-1 中"计算机应用实例"的两列，注意将类似的实例归在一起。

表 1-1 计算机应用实例

序号	计算机应用实例		计算机应用归类
	亲手使用的实例	听过或见过的实例	
1			
2			
3			
4			
5			
6			
7			
8			
9			
10			

第 2 步：网上搜索，归纳应用。上网搜索计算机应用的有关问题，归纳出计算机应用的几大领域。

（1）打开浏览器 Internet Explorer，在地址栏中输入 http://www.baidu.com。

（2）在搜索框中输入关键字"计算机的应用领域"，单击"百度一下"按钮，浏览有关页面。完成表 1-2 的填写。

表 1-2 计算机的应用领域

序号	计算机的应用领域	含　义	举　例
1			
2			
3	信息管理（数据处理）	用计算机来存储、管理数据资料	学校的学分管理系统
4			

（3）根据表 1-2 中的应用领域，将表 1-1 中的"计算机应用归类"一列填写完毕。

社会上很多职业岗位都会要求雇员掌握相关的计算机操作技能。你对各种岗位使用的技能了解多少，请描述相关软件的作用，填写表 1-3。

表 1-3 描述相关软件的作用

职业岗位	相关计算机技能知识	请描述相关软件的作用
办公室文员	文字处理（Word） 数据处理（Excel） 计算机及外部设备使用 互联网知识 办公设备（打印、复印）使用	
硬件工程师	计算机组装与维护 操作系统 Windows Server 2003	
网页设计师	网页设计（Dreamweaver、Flash、Photoshop、Dreamweaver） 程序设计基础（C 语言） 网站设计（PHP） 网页设计（Dreamweaver）	
广告设计师	广告设计（Photoshop、Flash） 印刷设计（CorelDRAW） 广告设计基础	
模具设计师	AutoCAD	

【技能拓展】

（1）如果要成为一名办公室文员，要掌握的最基本软件有哪些？为什么？请结合办公室文员的计算机操作技能要求说明。

（2）如果要成为一名网站建设工程师，要掌握的最基本软件有哪些？为什么？请结合网站建设工程师的计算机操作技能要求说明。

任务 1.2 软硬兼施显神威

【任务说明】

一个完整的计算机系统包括硬件系统和软件系统两大部分，如图 1.2.1 所示。常见的硬件设备包括键盘、鼠标、显示器、CPU（中央处理器）、内存等。

【任务目标】

正确识别计算机的基本硬件，了解 CPU、内存储器（简称内存）等主机设备的功能，了解系统软件和应用软件的分类。

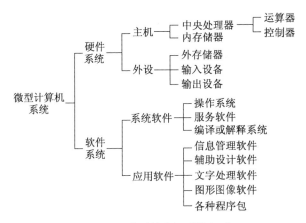

图 1.2.1 微型计算机系统组成

【实施步骤】

第 1 步：看图认设备，说出表 1-4 中各种设备的名称和用途，填写表 1-4。

表 1-4 看图认设备①

序 号	设 备 图 片	设 备 名 称	用 途
1			
2			
3			
4			

小贴士

　　计算机系统中使用的电子线路和物理设备是看得见、摸得着的实体，如中央处理器（CPU）、存储器、外部设备（I/O 设备）及总线等。

　　中央处理器的主要组成部分是数据寄存器、指令寄存器、指令译码器、算术逻辑部件、操作控制器、程序计数器（指令地址计数器）、地址寄存器等。

　　计算机硬件系统是指构成计算机所有实体部件的集合，是计算机正常运行的物质基础，也是计算机软件发挥作用、实现功能的舞台。

　　计算机硬件的基本功能是接受计算机程序的控制来实现数据输入、运算、输出等一系列操作。虽然计算机的制造技术从计算机出现到今天已经发生了极大的变化，但在基本的硬件结构方面，一直延续冯·诺依曼的传统框架，即计算机硬件系统由运算器、控制器、存储器、输入设备、输出设备五大部件构成，如图 1.2.1 所示。

　　第 2 步：看图认设备，说出表 1-5 中外存储器的名称和容量范围，填写表 1-5。

表 1-5　看图认设备②

序　号	设备图片	设备名称	容量范围
1			
2			
3			
4			

● 存储器

存储器的主要功能是存放程序和数据,程序是计算机操作的依据,数据是计算机操作的对象。存储器由存储体、地址译码器、读/写控制电路、地址总线和数据总线组成。

(1)内存(内存储器):能由中央处理器直接随机存取指令和数据的存储设备称为内存。

(2)外存(辅助存储器):磁盘、U盘、光盘等不能直接被中央处理器读取的存储设备称为外存储器(或辅助存储器)。内存和外存组成计算机的存储系统。

● 外部设备

外部设备是用户与计算机之间的桥梁。其中,输入设备的任务是把用户要求计算机处理的数据、字符、文字、图形和程序等各种形式的信息转换为计算机能够接受的编码形式存入计算机,常见的输入设备有鼠标和键盘。输出设备的任务是把计算机处理的结果以用户需要的形式(如屏幕显示、打印、语言等)输出。输入/输出接口是外部设备与主机之间的缓冲装置,负责电气性能的匹配和信息格式的转换。

第3步:说出表1-6中所列软件的作用,填写表1-6。

表1-6 软件的作用

序 号	软件名称	分 类	作用与特点
1	DOS	操作系统	
2	Windows	操作系统	
3	UNIX	操作系统	
4	FoxPro	数据库软件	
5	Access	数据库软件	
6	SQL Server	数据库软件	
7	VB	编程软件	
8	C++	编程软件	
9	Java	编程软件	
10	Word	应用软件——文字处理软件	
11	WPS	应用软件——文字处理软件	
12	AutoCAD	应用软件——计算机辅助设计软件	

计算机软件是指在硬件设备上运行的各种程序以及有关资料。所谓程序,实际上是用户用于指挥计算机执行各种动作以便完成指定任务的指令的集合。

计算机的软件系统可分为系统软件和应用软件两部分。

1. 系统软件

系统软件是负责对整个计算机系统资源的管理、调度、监视和服务。有代表性的系统软件有：

（1）操作系统：管理计算机的系统，目前常用的有：Windows、UNIX、OS/2 等。

（2）数据库管理系统：有组织地、动态地存储大量数据，使人们能方便、高效地使用这些数据。现在比较流行的数据库有 FoxPro、DB2、Access、SQL Server 等。

（3）编译软件：CPU 执行每一条指令都只完成一项简单的操作，一个系统软件或应用软件，要由成千上万甚至上亿条指令组合而成。直接用基本指令来编写软件，是一件极其繁重而艰苦的工作。为了提高效率，人们制定了一套新的指令，称为高级语言，其中每一条指令完成一项操作，这种操作相对于软件总的功能而言，是简单而基本的，而相对于 CPU 的操作而言又是复杂的。

用高级语言来编写程序（称为源程序）就像用预制板代替砖块来造房子，效率要高得多。但 CPU 并不能直接执行这些新的指令，需要编写一个软件，专门用来将源程序中的每条指令翻译成一系列 CPU 能接受的基本指令（也称机器语言），使源程序转换成能在计算机上运行的程序。完成这种翻译的软件称为高级语言编译软件，通常把它们归入系统软件。目前常用的高级语言有 VB、C++、Java 等，它们各有特点，分别适用于编写某一类型的程序，它们都有各自的编译软件。

2. 应用软件

应用软件是指各个不同领域的用户为各自的需要而开发的各种应用程序。应用软件是专门为某一应用目的而编制的软件，较常见的如：

（1）文字处理软件：用于输入、存储、修改、编辑、打印文字材料等，例如 Word、WPS 等。

（2）信息管理软件：用于输入、存储、修改、检索各种信息，例如工资管理软件、人事管理软件、仓库管理软件、计划管理软件等。这种软件发展到一定水平后，各个单项的软件相互联系起来，计算机和管理人员组成一个和谐的整体，各种信息在其中合理地流动，形成一个完整、高效的管理信息系统，简称 MIS。

（3）辅助设计软件：用于高效地绘制、修改工程图纸，进行设计中的常规计算，帮助人寻求好设计方案。

（4）实时控制软件：用于随时搜集生产装置、飞行器等的运行状态信息，以此为依据按预定的方案实施自动或半自动控制，安全、准确地完成任务。

【技能拓展】

（1）在商场、银行、车站都安装了触摸屏，想一想触摸屏是输入设备还是输出设备？为什么？

（2）购置一台计算机应该购买哪些配件？

（3）一个办公室义员使用的计算机应该安装哪些软件？

（4）常见的操作系统有哪些？

（5）常见的辅助存储器有哪些？

任务 1.3 安装硬件学连接

【任务说明】

在熟悉各个计算机硬件的用途和名称之后，要使计算机正常工作，必须能正确地把硬件逐一安装到机箱中。

【任务目标】

正确地把硬件逐一安装到机箱中,组成完整计算机,并能开机启动。

【实施步骤】

第1步:辨别并写出图1.3.1中各种计算机设备的名称。

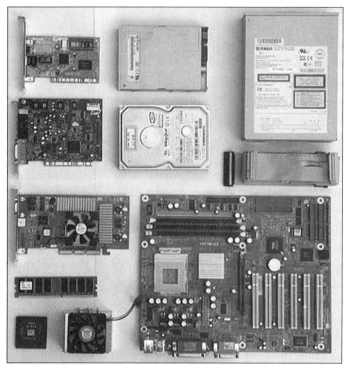

图1.3.1　各种计算机设备

小贴士

　　图1.3.1中包括主板、CPU风扇、CPU、内存条、数据线、光驱、软驱、硬盘、网卡、显卡、声卡等计算机设备。

第2步:准备工具。

一般来说,只需要一支中号的十字螺丝刀。如果安装的是品牌计算机,就要使用附带的专用螺丝刀。

第3步:做好静电释放工作。

日常生活中静电是无处不在的,由于计算机中的电子元件对静电高压相当敏感,因此在组装计算机之前,需要通过洗手等方法释放身上的静电。

第4步:组装计算机。

(1)在机箱上装好电源,如图1.3.2所示。

(2)在主板上安装CPU,要注意CPU的安装方向,如图1.3.3所示。

图 1.3.2 主机电源

图 1.3.3 安装 CPU

（3）在主板上安装内存条。

（4）连接主板电源。

（5）连接机箱面板上开关、指示灯和主板上跳线。

（6）安装显卡。

（7）连接显示器。

（8）安装硬盘驱动器。

（9）安装光盘驱动器。

（10）安装其他附加卡，如声卡、网卡等。

（11）安装键盘、鼠标、打印机等。

（12）连接各部件的电源插头。

（13）做开机前的最后检查。

（14）开机检查、测试。

（15）运行 BIOS 设置程序，设置系统 CMOS 参数。

（16）保存新的配置并重新启动系统。

小贴士

计算机机箱，如图 1.3.4 所示。鼠标如图 1.3.5 所示。

图 1.3.4 计算机机箱

图 1.3.5 鼠标

鼠标按接口类型可分为串口鼠标、PS/2 鼠标、无线鼠标、USB 鼠标（多为光电鼠标）四种。串口鼠标通过串口与计算机相连，有 9 针接口和 25 针接口两种；PS/2 鼠标通过一个 6 针微型

PS/2 接口与计算机相连,它与 PS/2 键盘的接口非常相似,使用时注意区分;USB 鼠标通过一个 USB 接口,直接插在计算机的 USB 口上。

鼠标按其工作原理及其内部结构的不同,可以分为机械式、光机式和光电式。

【技能拓展】

(1) 组装完成接通电源后,主机总是"嘟、嘟…"地响,应该怎样处理?

(2) 组装完成接通电源后,听到主机"嘟"一声,正常启动,显示器电源指示灯也亮了,但显示器总是黑屏或提示没输入信号,应该怎样处理?

(3) 观察你使用的键盘接口和鼠标接口,并辨别接口类型。

任务 1.4 认识其他新外设

【任务说明】

认识计算机的新外设,并能了解各种外设的作用、性能,掌握维护和使用摄像头、耳机和麦克风等外设的一般维护和应用技能。

【任务目标】

掌握摄像头的安装和应用方法;掌握计算机耳机和麦克风的安装与应用方法。

【实施步骤】

第 1 步:安装与使用摄像头。

(1) 把摄像头通过 USB 接口与计算机连接,计算机会提示发现新硬件,系统自动安装设备,如图 1.4.1 所示。

(2) 使用摄像头。

图 1.4.1 发现新硬件

摄像头安装完成后,打开"我的电脑"窗口,会发现 USB 视频设备,如图 1.4.2 所示。

图 1.4.2 USB 视频设备

（3）使用摄像头拍照。

双击"USB 视频设备"图标，就可以进行拍照操作，如图 1.4.3 所示。

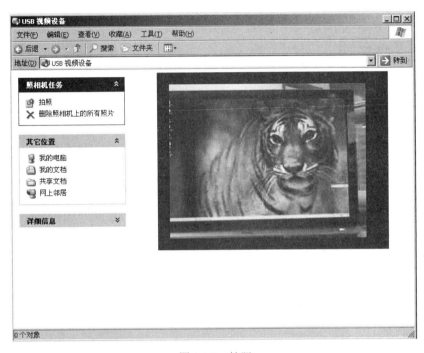

图 1.4.3　拍照

图 1.4.4　摄像头

摄像头分为数字摄像头和模拟摄像头两大类。数字摄像头可以将视频采集设备产生的模拟视频信号转换成数字信号,进而将其存储在计算机里。模拟摄像头捕捉到的视频信号必须经过特定的视频捕捉卡将模拟信号转换成数字信号,并加以压缩后才可以在计算机上运用。数字摄像头可以直接捕捉影像,然后通过串口、并口或者 USB 接口传到计算机中。现在计算机市场上的摄像头基本以数字摄像头为主,而数字摄像头中又以 USB 接口为主。

第 2 步:安装与使用耳机和麦克风。

(1) 安装带麦克风和耳机只需要将其接线插入相应的插口即可,如图 1.4.5 所示。

(2) 录音音量的调节。

有时麦克风接上后,即使音量调节开关调到最大声,仍然不能听到声音也不能录音,这时处理的常用办法是,在确认麦克风没有硬件问题的情况下,单击"开始"→"设置"→"控制面板"→"声音和音频设备",在新窗口选中"音频"选项卡,单击"音量"按钮,在"录音控制"对话框中确保"录音控制"和"麦克风音量"等不是静音,且音量足够大即可,如图 1.4.6、图 1.4.7 所示。

图 1.4.5　麦克风和耳机的插口

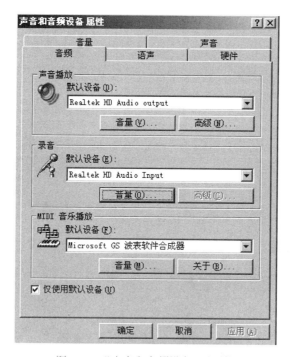

图 1.4.6　"声音和音频设备"对话框

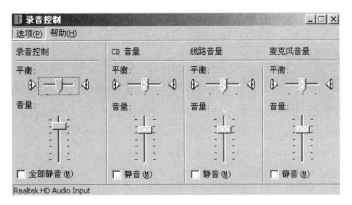

图 1.4.7 "录音控制"对话框

小贴士

  带麦克风的耳机是现在常见的一种计算机新设备,很方便人们进行语音聊天等操作,如图 1.4.8 所示。

图 1.4.8 带麦克风的耳机

【技能拓展】

(1) 观察计算机是否安装了摄像头,如果安装了,试一试能否进行拍照。

(2) 观察计算机是否安装了耳机或麦克风,如果安装了,试一试是否能正常使用。

任务 1.5 认 识 键 盘

【任务说明】

了解常用的输入设备键盘,并掌握键盘的正常使用方法。

【任务目标】

认识键盘键位,掌握键盘分类。

【实施步骤】

第 1 步:说说键盘的功能键区、状态指示区、主键盘区、编辑键区、数字小键盘区包含哪些键。

小贴士

常规键盘具有 CapsLock（字母大小写锁定）、NumLock（数字小键盘锁定）、ScrollLock 三个指示灯，标志键盘的当前状态。

第 2 步：启动金山打字通，进行键位练习，如图 1.5.1 所示，记录每次练习完成时的速度和正确率。

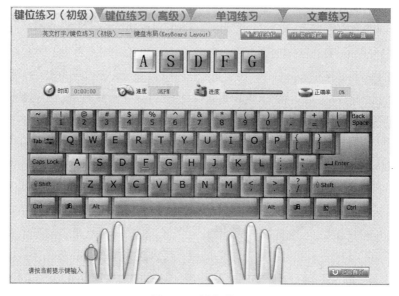

图 1.5.1　键位练习

小贴士

键盘键位分布包括功能键区、状态指示区、主键盘区、编辑键区、数字小键盘区等，如图 1.5.2 所示。

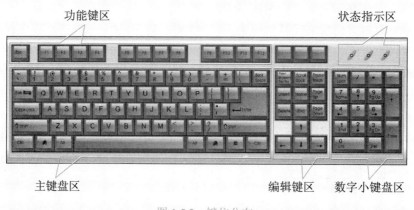

图 1.5.2　键位分布

第 3 步：完成键位练习（初级），根据自己的练习情况，逐步进行键位练习（高级）、单词练习和文章练习。

📧 小贴士

计算机录入端正坐姿的基本要求：两脚平放，腰部挺直，两臂自然下垂，两肘贴于腋边。身体可略倾斜，离键盘的距离约为 20 ~ 30 cm。文稿放在键盘的左边，或用专用夹夹在显示器旁边。打字时眼观文稿，身体不要跟着倾斜，如图 1.5.3 所示。

图 1.5.3　端正坐姿

准备打字时，除拇指外其余的 8 个手指分别放在基本键上，拇指放在空格键上，包键到指，分工明确，如图 1.5.4 所示。

图 1.5.4　手指放位

每个手指除了指定的基本键外，还分工有其他的键，其中黄色键位由小拇指负责，红色键位由无名指负责，蓝色键位由中指负责，绿色键位由食指负责，紫色空格键由大拇指负责，如图 1.5.5 所示。

指法练习技巧：左、右手手指放在基本键上；击键完成后迅速返回原位；食指击键注意键位角度；小拇指击键力量保持均匀；数字键采用跳跃式击键。

【技能拓展】

（1）数一数键盘上有多少个数字键、字母键和控制键。

（2）保持最规范的坐姿进入指法练习。

（3）在指法练习中，熟悉每个手指的分工。

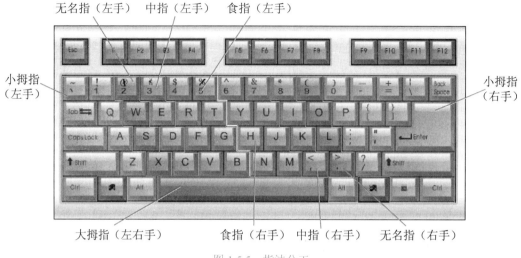

图 1.5.5 指法分工

单元 2

上手操作系统

——Windows XP 的使用

【情景故事】

　　学生会网络部贴出招聘广告，招聘计算机兴趣小组组长 1 名，利用课余时间为全校师生服务。条件要求：表达能力好，动手能力强，熟练 Windows XP 操作，能对计算机进行日常的维护，会安装和卸载硬件和软件，会备份和恢复系统，会设置多用户管理。小梅通过自己的努力，顺利通过了层层考核，成为计算机兴趣小组组长，每天忙碌着为大家服务。

【单元说明】

　　本单元内容包括 Windows XP 对象的操作，"我的电脑"和"资源管理器"的使用，文件管理，控制面板的设置，系统维护，自带程序的应用，防毒软件和压缩工具的使用，系统的备份和恢复。·

【技能目标】

（1）熟练 Windows 窗口的基本操作。

（2）熟练对话框和菜单的使用。

（3）熟练使用"我的电脑"和"资源管理器"管理、浏览和查找文件。

（4）会使用 Windows XP 提供的自带程序。

（5）会使用"控制面板"进行相关设置。

（6）会安装和设置打印机驱动程序。

（7）熟练安装和卸载应用程序的操作。

（8）会用 Ghost 备份和恢复操作系统。

（9）会使用至少一种防病毒软件。

（10）熟练使用一种中文输入法。

【知识目标】

1．理解 Windows XP 的基本组成：桌面、窗口、菜单、任务栏、对话框。

2．了解文件或文件夹的命名规则。

3．了解"控制面板"的功能。

4．理解磁盘清理和磁盘碎片整理的作用。

5. 理解系统备份的作用。
6. 理解"回收站"的作用。

任务 2.1   入门操作有七式

【任务说明】

班里新来了一个插班生，计算机基础特别差，甚至连启动 / 关闭计算机系统都不会，老师叫学习委员小梅放学后帮他辅导，放学后，小梅就用自己的计算机，从最基本的操作开始辅导他，小梅应如何辅导呢？

【任务目标】

（1）认识桌面，对窗口、任务栏、菜单栏、对话框进行操作，了解出现"死机"时的解决办法，了解启动 / 关闭计算机系统的方法。

（2）学会：

① 认识 Windows XP 图形界面。

② 熟练使用鼠标完成对窗口、菜单、工具栏、任务栏、对话框等基本元素的操作。

③ 会启动 / 关闭计算机系统。

④ 会使用操作系统的"帮助"信息解决问题。

【实施步骤】

第 1 步：启动 Windows XP 系统。

按下主机面板上的电源开关，系统开始自检，启动 Windows XP 操作系统，启动完成后，用户看到的整个屏幕界面叫做"桌面"，如图 2.1.1 所示。

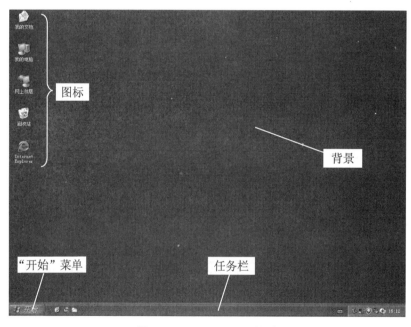

图 2.1.1   Windows XP 桌面

第 2 步：认识桌面。

一般桌面上包含"开始"菜单、任务栏、图标、桌面背景。

（1）打开"开始"菜单。在桌面上单击"开始"按钮，即可打开"开始"菜单。如图 2.1.2 所示。

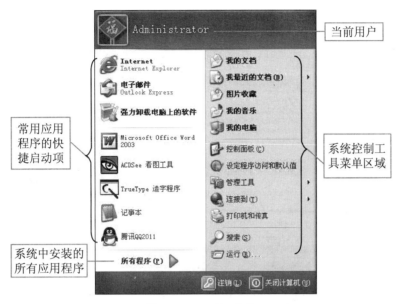

图 2.1.2 "开始"菜单

（2）任务栏操作。任务栏的基本构成，参见图 2.1.3。

图 2.1.3 任务栏

① 移动任务栏。如果将任务栏移动到桌面的顶部、左侧或右侧，可以将鼠标指针移动到任务栏的空白处，按住鼠标左键将任务栏拖动到目标位置，松开鼠标左键即可。

> 小贴士
>
> 如果在上述操作过程中发现不能移动任务栏，可能是任务栏被锁定了，要查看任务栏是否被锁定，方法是在任务栏空白处右击，在弹出的快捷菜单中查看"锁定任务栏"前是否有"√"，有"√"表示锁定，单击"锁定任务栏"处可取消或设置锁定。

右击 Windows XP 中任一对象，一般会弹出相关的快捷菜单，为用户提供操作便利。

② 改变任务栏宽度。将鼠标指针移动到任务栏与桌面交界的边缘上，当鼠标指针变为双箭头"↕"形状时，按住鼠标左键向上或向下拖动，确定宽度合适后松开鼠标左键即可完成操作。

③ 设置自动隐藏任务栏和任务栏通知区域的显示时钟。

操作步骤如图 2.1.4 所示。

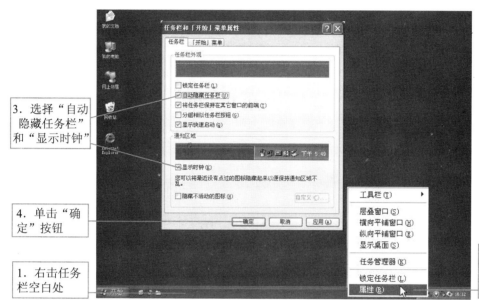

图 2.1.4　设置隐藏任务栏和显示时钟

④ 显示 / 隐藏工具栏中的"快速启动"栏。

操作步骤如图 2.1.5 所示。

🌸 小提示

① 设置显示 / 隐藏工具栏中"语言栏"的操作方法与图 2.1.5 中步骤相同，在第③步中选择"语言栏"即可。

② 在任务栏的"快速启动"区域，单击其中的图标就能立即启动相关程序。

第 3 步：Windows XP 窗口的基本操作。

（1）打开窗口操作。打开窗口可以通过下面两种方式来实现：

① 鼠标指向要打开的窗口图标，然后双击打开。

② 鼠标指向要打开的窗口图标，然后右击，在快捷菜单中选择"打开"命令。

例如，在桌面上双击"我的电脑"图标，即可打开如图 2.1.6 所示的窗口。

图 2.1.5 设置显示"快速启动"栏操作

图 2.1.6 窗口的组成

小贴士

① 标题栏：位于窗口的最上部，它标明了当前窗口的名称，左侧是控制菜单按钮，右侧有最小化█、最大化█或还原█以及关闭█按钮。

② 菜单栏：由多个菜单组成，包括文件、编辑、工具等菜单项。

③ 工具栏：包括一些常用的功能按钮，用户在使用时可以直接从中选择各种工具。

④ 工作区：显示应用程序界面或窗口中对象的图标。

⑤ 状态栏：在窗口的最下方，显示工作区中对象的一些基本信息。

⑥ 滚动条：当工作区域的内容太多而不能全部显示时，窗口将自动出现滚动条，用户可以通过拖动水平或者垂直的滚动条来查看所有的内容。

⑦ 控制菜单按钮：位于每个窗口的左上角，单击该按钮，即可打开控制菜单，双击该按钮，则可以关闭窗口。

小提示

当打开一个应用程序窗口时，系统就会把相应的程序从外存调入内存中。

（2）最小化、最大化、还原和关闭窗口。

用户可以根据需要，对窗口进行最小化、最大化和还原操作。

① 最小化窗口：暂时不需要对窗口操作时，可以直接在标题栏上单击最小化按钮█，窗口会缩小到任务栏。虽然在屏幕上看不到该窗口，但是该程序仍然在后台运行。

② 最大化窗口：在标题栏上单击最大化按钮█，使窗口扩大到整个桌面，这时是不能移动窗口或者改变窗口大小的。

③ 还原窗口：当最大化窗口后想恢复到打开时的初始状态，单击还原按钮█即可。

用户在标题栏上双击可以进行最大化与还原两种状态的切换。

④ 关闭窗口：直接在标题栏上单击关闭按钮█或按 Alt+F4 键；关闭应用程序的窗口后，系统就会将该程序从内存中退出。

（3）移动窗口及改变窗口大小的操作

先将窗口保持在还原状态，即窗口右上角显示为"█ █ █"状态时才能进行。

① 移动窗口：将鼠标指向窗口标题栏，按下鼠标左键拖动，将窗口移动到合适的位置再松开左键。

② 改变窗口大小：

● 改变窗口的宽度，将鼠标放在窗口的垂直边框上，当指针变成"◄►"形状时进行拖动。

● 改变窗口的高度，将鼠标放在水平边框上，当指针变成"↕"形状时进行拖动。

● 对窗口进行等比缩放，把鼠标放在边框的任意角上进行拖动。

（4）切换窗口的操作。

单击"任务栏"上的对应图标按钮，也可按 Alt+Tab 或 Alt+Esc 快捷键，就能实现在不同窗口间的切换。

（5）多个窗口的排列。

在任务栏空白处右击，弹出如图 2.1.7 所示快捷菜单，选择所要的排列方式。

图 2.1.7 右击任务栏排列窗口

> **小贴士**
>
> ① Windows XP 提供了三种窗口排列方式：层叠窗口、横向平铺窗口、纵向平铺窗口。
>
> ② 若要撤销窗口的排列，右击任务栏的快捷菜单后会出现相应的撤销该选项的命令。

第 4 步：菜单的基本操作。

菜单可分为下拉菜单、快捷菜单、控制菜单、开始菜单。

（1）打开菜单操作。用鼠标单击菜单项，在打开的菜单中再单击所需的命令。

> **小贴士**
>
> 打开菜单的方法有以下几种：
>
> ① 使用键盘。先按住 Alt 键，再按下菜单名后带下划线的字母（称为快捷键，如"文件（F）"中的 F），使用 ←、→、↑、↓ 箭头选择所需的命令。
>
> ② 使用快捷键，是一个组合键，位于菜单上相应命令的右边。它的功能是相当于执行对应的菜单命令。例如"复制"的快捷键 Ctrl+C，"粘贴"的快捷键 Ctrl+V。

（2）关闭菜单操作。

用鼠标单击该菜单外的任意区域，或按 Esc 键来撤销当前菜单。

（3）认识菜单命令的标记。

① 菜单选项的字体为灰色，表示该选项在当前状态不能使用。

② 菜单选项后有 ▶，表示执行该选项会调出下一个子菜单。

③ 菜单选项后有 …，表示执行该选项会弹出一个对话框。

④ 菜单选项前有 √，表示该选项当前状态下正在起作用。

⑤ 菜单选项前有 •，表示该选项当前已经选用，而且该组当前只能有一个命令发挥作用。

第 5 步：对话框的操作。

对话框是用户与计算机系统之间进行信息交流的窗口，按完成的功能不同，对话框的形式有多种多样。

（1）打开对话框。

例如打开"索引和目录"对话框，如图 2.1.8 所示。常用的对话框元素有：标题栏、标签与选项卡、文本框、列表框、命令按钮、单选按钮和复选框等。

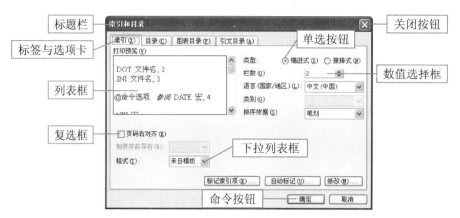

图 2.1.8 对话框的组成

小贴士

① 标题栏：标明对话框的名称，用鼠标指向标题栏，按下鼠标左键拖动，可以移动对话框的位置，但对话框的大小是不能改变的。

② 标签与选项卡：标签用于多个选项卡的切换，不同的标签对应不同的选项卡。图 2.1.8 中的"索引"、"目录"等就是标签。

③ 文本框：用于接收从键盘输入的文本。

④ 列表框：提供多个选项，供用户从中选择。

⑤ 命令按钮：用来执行某一命令。常用的有"确定"、"应用"、"取消"等。

⑥ 单选按钮◉：用于从一组选项中必选一项且只能选一项。

⑦ 复选框：复选框可表示两种状态：选中☑和未选中▢。可以根据需要同时选择多个复选框。

⑧ 数值选择框：用于输入数值，单击数值选择框右侧的微调按钮⬍，可增大或减小框中的数值，也可直接输入需要的数值。

（2）关闭对话框。

单击"关闭"按钮即可。

第 6 步：使用操作系统的"帮助和支持"功能解决问题。

在使用 Windows XP 过程中，如果遇到问题，可以利用系统提供的"帮助和支持"功能解决。

例如，利用"帮助和支持"功能，了解"新建文件夹"操作过程。

操作步骤：打开"我的电脑"窗口，单击"帮助→帮助和支持中心"命令，弹出"帮助和支持中心"窗口，接着按如图 2.1.9 所示操作。

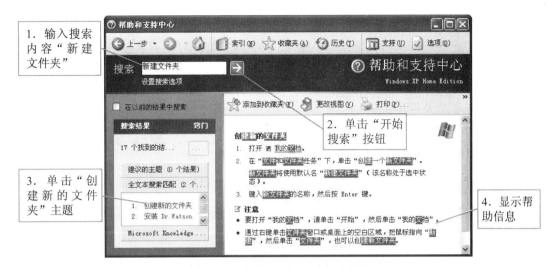

图 2.1.9 使用"帮助"信息解决问题

第 7 步：关闭 Windows XP 系统。

关闭系统之前，先关闭所有打开的窗口和正在运行的应用程序，关机步骤如图 2.1.10 所示。

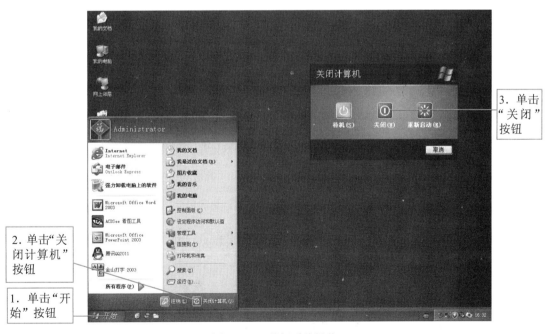

图 2.1.10 关闭系统操作

【技能拓展】

拓展：出现"死机"现象的解决办法。

在操作过程中，有时会遇到计算机"死机"的现象，即计算机暂时无法响应。此时首先应采用同时按 Ctrl+Alt+Del 组合键的方法，打开如图 2.1.11 所示"Windows 任务管理器"窗口，在该窗口中选择当前出现无法响应的程序，单击"结束任务"按钮，再单击"关闭"按钮，计算机即可恢复正常工作。但如果按 Ctrl+Alt+Del 组合键仍无效时，可以按主机上的"RESET"复位键，重新启动计算机，但是这种方法会使没有保存的信息丢失。

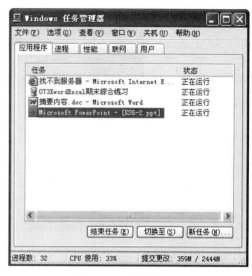

图 2.1.11 任务管理器

【体验活动】

（1）把任务栏拖到屏幕顶端。

（2）打开"我的电脑"窗口，练习：将"我的电脑"窗口移动到另一位置，调整窗口的横向、纵向大小，练习窗口的最大化（还原）、最小化和关闭操作。

（3）打开"我的电脑"、"网上邻居"、"我的文档"3 个窗口，依次将它们设为当前窗口，练习多窗口的切换操作，然后分别关闭这 3 个窗口。

（4）打开"我的电脑"、"我的文档"、"回收站"3 个窗口，分别对其执行层叠窗口、横向平铺窗口、纵向平铺窗口的命令，观察窗口的变化。

（5）设置在任务栏中不显示"快速启动"和"语言栏"。

（6）将任务栏设置为自动隐藏和不显示时钟。

（7）用操作系统提供的"帮助"信息，了解"移动任务栏"的操作方法。

任务 2.2　井然有序管资料

【任务说明】

小梅想通过计算机来管理自己的资料，主要是分门别类地存放有关资料，建立如图 2.2.1 所示文件夹结构，对自己的文件进行管理。

【任务目标】

（1）使用"资源管理器"管理文件，查找文件方法，设置文件属性，创建文件快捷方式，选择文件查看方式和文件排列方式，设置"回收站"。

图 2.2.1 文件夹结构

（2）学会：

① 理解文件和文件夹的概念与作用。

② 了解常见文件类型及其关联程序。

③ 理解"回收站"的作用。

④ 熟练文件、文件夹的创建、复制、移动、更名、删除、查找、属性设置等操作。

⑤ 会按情况选择文件的查看方式。

⑥ 会恢复已删除的文件。

⑦ 会设置显示 / 隐藏文件。

【实施步骤】

第1步：打开"资源管理器"。

① 右击"开始"菜单或"我的电脑"图标，在快捷菜单中单击"资源管理器"，打开如图 2.2.2 所示窗口。

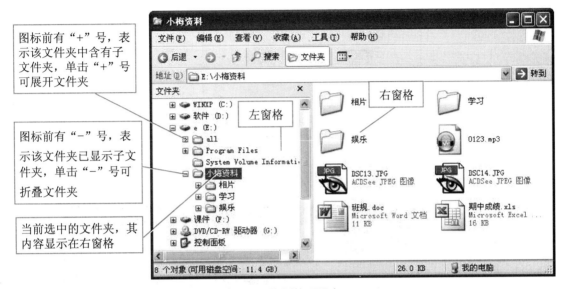

图 2.2.2 资源管理器窗口

② 左窗格用于显示文件夹树状结构，其中桌面是树的根。右窗格用于显示选中左窗格文件夹的内容。

③ 单击工具栏上的"文件夹"按钮，可以在"我的电脑"和"资源管理器"窗口之间进行切换。

> 小贴士
>
> 在计算机系统中，用"我的电脑"和"资源管理器"来管理所有文件和文件夹，以及系统中的各种资源，它们的使用方法类似，功能也基本相同。使用"我的电脑"进行单个文件或文件夹操作比较方便，但当文件夹较多且层次较深时，用户就可以使用"资源管理器"。

第2步：新建文件夹和文件。

① 在"小梅资料"文件夹下建立名为"软件"的文件夹，操作步骤如图 2.2.3 所示。

② 在"\小梅资料\学习\练习"文件夹中新建 Word 文档"实验.doc"，操作步骤如图 2.2.4 所示。

第3步：选定文件和文件夹。

打开"小梅资料"文件夹，按住 Ctrl 键分别选中"DSC13.JPG"、"DSC14.JPG"文件。

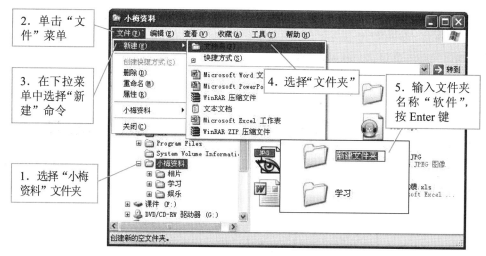

图 2.2.3 新建文件夹操作

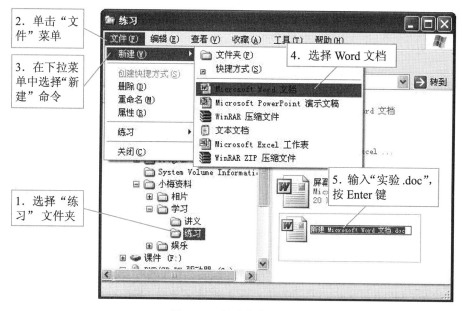

图 2.2.4 新建文件操作

小贴士

选定一个：单击要选用的文件或文件夹。

选定多个连续：选中第一个文件以后，按住 Shift 键的同时，再选择最后一个文件或文件夹。

选定多个不连续：按住 Ctrl 键的同时，依次单击要选择的文件或文件夹。

取消已选定的对象：按住 Ctrl 键的同时，单击要取消的文件或文件夹。

全选：按 Ctrl+A 键。

第 4 步：复制文件和文件夹。

在第 3 步中选中"DSC13.JPG"、"DSC14.JPG"文件，单击"编辑→复制"命令（或按 Ctrl+C 键），再打开目标位置"\ 小梅资料 \ 相片"文件夹，单击"编辑→粘贴"命令（或按 Ctrl+V 键），这两个文件就复制到"相片"文件夹中。

第 5 步：移动文件和文件夹。

选中"\ 小梅资料 \ 相片"文件夹中的"DSC13.JPG"文件，单击"编辑→剪切"命令（或按 Ctrl+X 键），再打开目标位置"\ 小梅资料 \ 相片 \ 个人"文件夹，单击"编辑→粘贴"命令，该照片就移动到"个人"文件夹中；或者用鼠标直接将"DSC13.JPG"文件拖动到"个人"文件夹，也可实现移动文件的操作。

📨 **小贴士**

① 移动文件或文件夹就是将文件或文件夹放到其他地方，执行"移动"命令后，原位置的文件或文件夹消失，出现在目标位置；复制文件或文件夹就是将文件或文件夹复制一份，放到其他地方，执行"复制"命令后，原位置和目标位置都有该文件或文件夹。

② 利用鼠标拖放操作来实现复制或移动文件，一般需要按快捷键来配合，参见表 2-1。

表 2-1　拖放操作中使用的控制键

	复 制 文 件	移 动 文 件
在同一盘中进行	Ctrl+ 拖放	直接拖放或 Shift+ 拖放
在不同盘中进行	直接拖放或 Ctrl+ 拖放	Shift+ 拖放

第 6 步：删除文件和文件夹。

选中"\ 小梅资料 \ 相片 \DSC14.JPG"文件，按 Delete 键（或右击文件，在弹出的快捷菜单中选择"删除"命令），弹出"确认文件删除"对话框，如图 2.2.5 所示，单击"是"按钮。

图 2.2.5　确认文件删除

🖐 **小提示**

① 如果在删除操作时按住 Shift 键，则可直接删除文件而不经过"回收站"。即：选中文件后，按 Shift+Delete 键即可将文件彻底删除，删除后不能恢复。

② "回收站"是用来暂时保存从硬盘上删除的文件和文件夹，而从移动存储器（U 盘、移动硬盘等）中删除的文件和文件夹是不放入"回收站"的，直接删除。

③ 以上操作中所用到的复制、移动、删除命令，也可在选中要操作的文件和文件夹后右击，在弹出的快捷菜单中选择相应的命令即可。

第 7 步：重命名文件和文件夹。

选中"\小梅资料\相片\个人\DSC13.JPG"文件，然后单击"文件→重命名"命令（或右击文件，在弹出的快捷菜单中选择"重命名"命令），在文件名处于编辑状态时，直接输入"天安门.JPG"，按 Enter 键。

第 8 步：恢复硬盘中被删除的文件。

在桌面双击"回收站"，选中"DSC14.JPG"文件，再单击"文件→还原"命令，就可将文件恢复到删除前的位置。

📧 小贴士

如果想要清空"回收站"，单击"回收站任务"窗格中的"清空回收站"命令，彻底删除"回收站"中所有的文件和文件夹，或用鼠标右击"回收站"图标，在弹出的快捷菜单中选择"清空回收站"命令。

第 9 步：查找文件或文件夹。

要查找 D 盘中一个文件名不确定的 Word 文档，找到该文件后要求打开。操作方法是：先单击"开始→搜索"命令，打开"搜索结果"窗口，接着按如图 2.2.6 所示步骤操作。

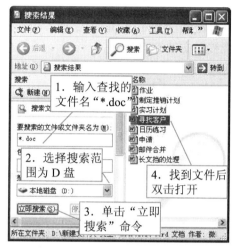

图 2.2.6 搜索文件和文件夹操作

📧 小贴士

① 搜索时可以利用通配符"？"和"*"，"？"代表所在位置的任一字符，而"*"代表从所在位置起的任意一串字符。例如要查找 A 开头的所有文件和文件夹，输入查找的文件名为"A*"。

② 在搜索过程中，会把搜索结果显示在右窗格中，用户可以随时单击"停止搜索"按钮来停止此次搜索操作。搜索停止后，在右窗格中找到所要的文件，可以对文件进行打开、复制、移动、删除等操作。

第 10 步：设置文件和文件夹的属性。

将"\小梅资料\学习\练习\实验一.doc"文件的属性设置为隐藏。

操作步骤为：选中"实验一.doc"文件，单击"文件→属性"命令，弹出如图 2.2.7 所示对话框，在"属性"选项组中勾选"隐藏"复选框，再单击"确定"按钮即可。

📧 小贴士

在 Windows XP 中，每个文件和文件夹都有各自的属性，包括名称、类型、位置、大小、属性等。文件的"属性"有三种：只读、隐藏、存档。"只读"表示只可以读取，不允许对其修改；"隐藏"表示将文件隐藏起来，一般情况下是看不到的；"存档"主要提供给某些备份程序使用。

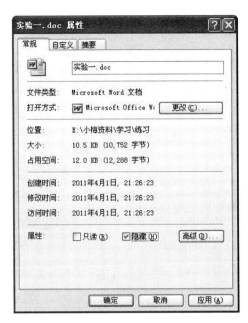

图 2.2.7　文件属性设置

第 11 步：创建快捷方式。

为"\小梅资料\娱乐"文件夹下的"歌曲"文件夹在桌面上创建快捷方式。

操作步骤为：选中"歌曲"文件夹并右击，在弹出的快捷菜单中选择"发送到→桌面快捷方式"命令，桌面上出现一个"歌曲"快捷方式的图标。双击桌面"歌曲"图标，就会打开"歌曲"文件夹。

小贴士

① 创建快捷方式的另一种方法为：选中要操作的文件或文件夹，右击，从弹出的快捷菜单中选择"创建快捷方式"命令，就会在同一文件夹中创建一个快捷方式文件，可将该快捷方式文件进行重命名。

② 快捷方式是一种对相应对象的链接，以图标形式表示，打开快捷方式便能打开相应的对象。删除快捷方式图标，是不会影响到相应的对象。

第 12 步：显示隐藏文件。

要查看属性设置为"隐藏"的文件，操作步骤为：打开"我的电脑"窗口，接下来的操作步骤如图 2.2.8 所示。

小提示

有时计算机中文件的扩展名没有显示出来，在重命名时不能对其更改，如果要把文件的扩展名显示出来，可以在图 2.2.7 所示的"文件夹选项"对话框中取消选中"隐藏已知文件类型的扩展名"复选框，再单击"确定"按钮。

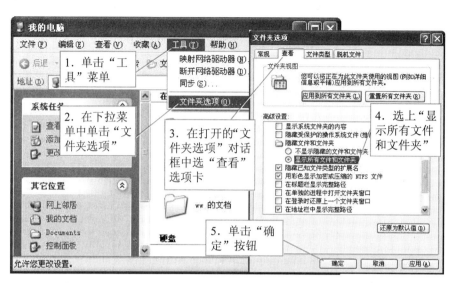

图 2.2.8　显示隐藏文件操作

【技能拓展】

拓展：将 D 盘下属于小梅个人的相片移动到"\小梅资料\相片\个人"文件夹中。操作步骤为：

① 打开 D 盘。

② 更改文件查看方式，用缩略图的方式查看图像文件。

操作步骤为：单击菜单"查看→缩略图"命令。

③ 排列文件。将 D 盘下的所有相片文件（扩展名为".JPG"）排列在一起。

操作步骤为：单击菜单"查看→排列图标→类型"命令，窗口中的文件就按相同扩展名的排列在一起。

④ 选择文件。按住 Ctrl 键，选择所有属于个人的相片。

⑤ 剪切选择的文件。单击菜单"编辑→剪切"命令，或按 Ctrl+X 键剪切。

⑥ 粘贴。打开"\小梅资料\相片\个人"文件夹，按 Ctrl+V 键剪切粘贴。

小贴士

文件查看方式有：缩略图、平铺、图标、列表、详细信息，使用"缩略图"方式可以预览图像，而"详细信息"方式可以查看文件的大小、类型和修改日期。

常用的文件排列方式有：按"名称"、按"类型"、按"大小"、按"修改时间"。

【知识宝库】

在计算机的操作过程中，经常要对文件和文件夹进行管理操作，包括文件和文件夹的建立、打开、复制、重命名、删除等操作，这些是使用计算机必须掌握的基本技能。

（1）文件和文件夹。

文件是一组相关信息的集合，任何程序和文档都是以文件的形式存放在计算机的外存储器上，通常存放在磁盘上。

一个文件夹可以存放文件，也可存放其他子文件，同样，子文件夹也可以存放文件和下属子文件夹。因此，Windows XP 文件结构是树状结构。

（2）文件和文件夹命名。

文件名由主文件名和扩展名两部分组成，它们之间以小数点分隔。例如，文件名"作业 .doc"，"作业"是主文件名，".doc"是扩展名，扩展名表示文件的类型，扩展名".doc"表示文件类型为 Word 文档。

在 Windows XP 中文件和文件夹的命名要遵循如下规则：

① 命名时最多可用 255 个字符。

② 文件夹没有扩展名，每个文件都有扩展名，用以标识文件的类型。

③ 文件名或文件夹名中不能包含如下字符：

? : * " < > \ / |

④ 在不同的文件夹下，文件和文件夹可以同名，但在同一文件夹中，文件和文件夹不可以同名。

⑤ 文件名可以使用汉字，英文字母是不区分大小写的。

（3）文件的类型。

不同的扩展名表示不同的文件类型，对应不同的关联应用程序。Windows XP 中常用的文件类型参见表 2-2。

表 2-2　Windows XP 中常用的文件扩展名及类型

扩 展 名	文 件 类 型	扩 展 名	文 件 类 型
.sys	系统文件	.bmp	位图文件
.ini	配置文件	.html	网页文件
.exe	应用程序文件	.hlp	帮助文件
.wav	声音文件	.jpg	图像文件
.bat	批处理文件	.pptx	PowerPoint 2007 演示文稿文件
.txt	文本文件	.dll	动态链接库文件
.docx	Word 2007 文档文件	.rar	RAR 格式压缩文件
.xlsx	Excel 2007 工作簿文件	.zip	ZIP 格式压缩文件

（4）文件的位置（路径）。

要打开一个文件，就一定要知道这个文件的位置，即路径。一个完整的路径包括要找到该文件所顺序经过的全部文件夹，文件夹之间用"\"号隔开。例如，"E:\小梅资料\学习\练习\实验一 .doc"。

【体验活动】

（1）打开"资源管理器"窗口。

（2）在左窗格中练习展开"我的电脑"文件夹和折叠"我的电脑"文件夹操作。

（3）把"\ 任务 2.2\ 素材 \"中的"文件操作"文件夹复制到"D:\ 计算机应用基础 \ 单元 2"文件夹中，如下操作都在"D:\ 计算机应用基础 \ 单元 2\ 文件操作"文件夹中进行。

① 将"文件操作"文件夹下的全部相片复制到"\ 相片"文件夹中，并将复制的"DSC15.JPG"文件重命名为"广州 .JPG"，将窗口文件按照"详细信息"方式查看，按文件的"修改时间"顺序排列。

② 将"文件操作"文件夹下的"AA.doc"文件移动到"\ 练习"文件夹中，并设置为隐藏。

③ 在"\ 练习"文件夹中，新建"BB.txt"文件，并在本文件夹中创建"KK.doc"文件的快捷方式，重命名为"KQ"。

④ 将"文件操作"文件夹下的"DSC03.JPG"和"DSC19.JPG"文件删除。

⑤ 还原已删除的"DSC03.JPG"文件。

⑥ 搜索 C 盘中的"NOTEPAD.EXE"文件，把该文件复制到"\ 练习"文件夹中。

任务 2.3　我的电脑我配置

【任务说明】

学生处辅导员找到小梅，说她的计算机上不了网，接好的打印机不能打印，听歌时不能在计算机上调节音量，她的拼音不太好，要用五笔来打字，但是输入法中没有五笔输入法，要小梅帮助解决。小梅愉快地接受了"任务"，她会如何操作呢？

【任务目标】

（1）在"控制面板"中设置显示、声音、系统、日期和时间、输入法等属性，安装打印机设备驱动程序。

（2）学会：

① 了解"控制面板"常用的功能。

② 了解"剪贴板"的作用。

③ 熟练设置显示器、声音、输入法等属性。

④ 学会查看系统设备能否正常工作。

⑤ 学会安装设备驱动程序。

⑥ 熟练屏幕拷贝操作。

【实施步骤】

第 1 步：打开"控制面板"。

单击"开始→控制面板"命令，打开"控制面板"窗口，如图 2.3.1 所示。

第 2 步：设置显示属性。

在"控制面板"窗口中双击"显示"图标，或者在桌面的空白处右击，在弹出的快捷菜单中选择"属性"命令，打开"显示 属性"对话框，在该对话框中，可以进行更换桌面背景、设置屏幕保护程序、调整显示分辨率等操作。

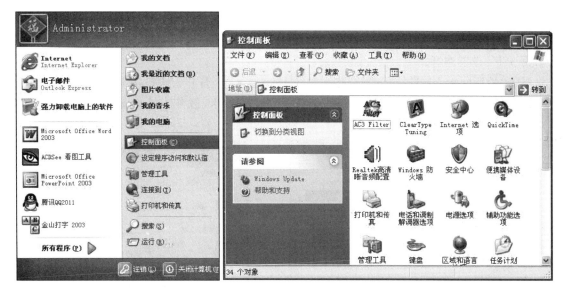

图 2.3.1　打开"控制面板"窗口

（1）改变桌面的背景。

在"显示 属性"对话框中选择"桌面"选项卡，操作如图 2.3.2 所示。如果要选择自选的图片文件做背景，单击"浏览"按钮，在浏览对话框中选择所要的图片，单击"确定"按钮即可。

（2）设置屏幕保护程序

屏幕保护程序的作用是当用户暂时离开计算机时，屏幕显示活动的画面，从而防止长时间静止的画面灼伤屏幕，还可以掩盖当前的工作画面（防止别人偷看）。在"显示 属性"对话框中选择"屏幕保护程序"选项卡，操作如图 2.3.3 所示。

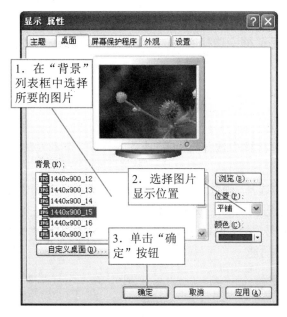

图 2.3.2　改变桌面的背景

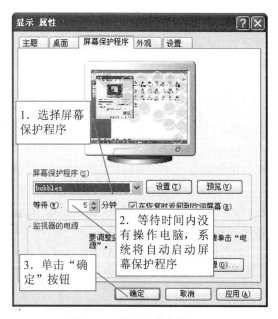

图 2.3.3　设置屏幕保护

（3）设置显示分辨率和颜色数

在"显示 属性"对话框中选择"设置"选项卡，操作如图 2.3.4 所示。

第 3 步：设置声音。

双击"控制面板"中的"声音和音频设备"图标，显示"声音和音频设备 属性"对话框。

（1）设置在任务栏中显示音量图标，选择"音量"选项卡，操作方法如图 2.3.5 所示。

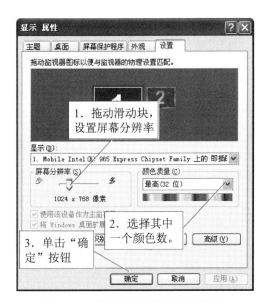

图 2.3.4 设置显示分辨率和颜色数

图 2.3.5 设置显示音量图标

（2）如果计算机的声音设备齐全，则每次登录 Windows 时都会听到一段音乐，如果要设置"Windows 登录"时的声音，在"声音"选项卡上设置即可，操作步骤如图 2.3.6 所示。如果要选择自选的声音文件，单击"浏览"按钮，在浏览对话框中选择所要的声音，再单击"确定"按钮即可。

第 4 步：查看系统属性。

在"控制面板"窗口中双击"系统"图标，或右击"我的电脑"，从快捷菜单中选择"属性"命令，弹出"系统属性"对话框。

（1）查看计算机基本情况。在"系统属性"对话框中选择"常规"选项卡，可以查看安装的操作系统版本、CPU 型号、主频、内存容量等信息。

（2）查看系统设备。在"系统属性"对话框中选择"硬件"选项卡，再单击"设备管理器"按钮，打开"设备管理器"窗口，如图 2.3.7 所示，可以看到所有已安装在系统中的硬件设备。在"设备管理器"窗口中，如果设备前面出现问号和感叹号，表示设备未安装驱动程序，如果出现"×"号，表示该设备被禁用，右击该图标可选择"启动"功能。

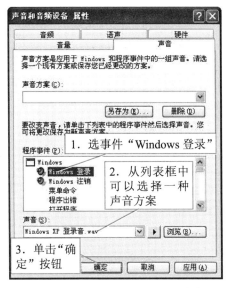

图 2.3.6 设置"Windows 登录"声音

图 2.3.7 "设备管理器"窗口

> **小贴士**
>
> 安装设备驱动程序的方法如下：
>
> ① 在"设备管理器"窗口中双击需要安装驱动程序的设备选项，在打开的对话框中选择"驱动程序"选项卡，然后再单击"更新驱动程序"按钮。
>
> ② 打开"硬件更新向导"对话框，在该对话框中选择"否，暂时不"单选按钮，并单击"下一步"按钮，在打开的对话框中选择"从列表或指定位置安装"单选按钮，单击"下一步"按钮。
>
> ③ 选中"在搜索中包括这个位置"复选框，如果不清楚驱动程序路径，单击"浏览"按钮选择设备驱动程序，路径选好后，单击"下一步"按钮，随后系统会复制驱动程序文件，并自动安装，安装完成后，重新启动系统即可。

第 5 步：设置输入法。

在"控制面板"窗口中双击"区域和语言选项"图标，弹出"区域和语言选项"对话框，选择"语言"选项卡，在窗口中单击"详细信息"按钮，弹出"文字服务和输入语言"对话框。添加五笔输入法的操作方法如图 2.3.8 所示。

> **小贴士**
>
> "默认输入语言"区域中显示的是计算机启动时默认的输入语言，可通过下拉列表框选择。在"已安装的服务"区域的列表框中列出了当前计算机中已安装的语言及输入法，如果要删除其中的输入法，选中后单击"删除"按钮，如果要添加其他输入法，单击"添加"按钮。这里的"添加"和"删除"是指把输入法加载到内存中或从内存中清除。如果要增加系统中没有的输入法（如"五笔"），就需要找到相关输入法软件，先安装以后再做添加输入法的操作。

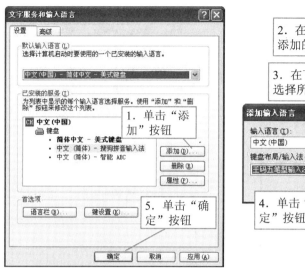

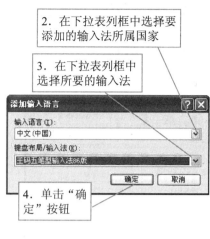

图 2.3.8 添加五笔输入法操作

如果要在任务栏中显示语言栏,在"文字服务和输入语言"对话框中单击"语言栏"按钮,在如图 2.3.9 所示对话框中设置即可。

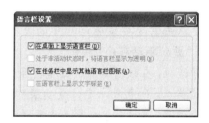

图 2.3.9 设置任务栏中显示语言栏

🌲 小提示

① 切换输入法: 按 Ctrl+Shift 组合键,或单击任务栏上的"语言栏",弹出如图 2.3.10 所示的输入法菜单,从中选择所需的输入法。

② 中 / 英文输入切换: 按 Ctrl+ 空格键。

③ 输入法状态栏,如图 2.3.11 所示。字符输入状态分为全角和半角两种,在半角状态下,每个英文字母、数字等符号只占半个汉字位置,而在全角状态下,任何字符都占一个汉字位置。

④ 右击"软键盘"可选择拼音、标点符号、数字序号、单位符号、特殊符号等,为输入带来很大方便。

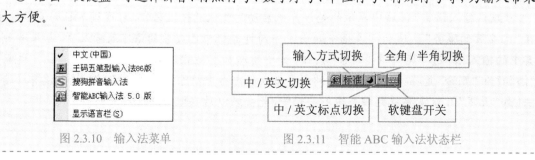

图 2.3.10 输入法菜单   图 2.3.11 智能 ABC 输入法状态栏

第 6 步：安装打印机设备驱动程序。

打印机与计算机连接后，还要安装打印机驱动程序才能打印文件。添加打印机的操作步骤如下：

① 在"控制面板"窗口中双击"打印机和传真机"图标，或单击"开始→打印机和传真"命令，打开"打印机和传真"窗口，如图 2.3.12 所示。

② 在"打印机和传真"窗口中单击"打印机任务"窗格的"添加打印机"命令，显示"添加打印机向导"对话框，单击"下一步"按钮，接着再单击"下一步"按钮，显示如图 2.3.13 所示的对话框，选择打印机端口，USB 接口的打印机选用串行 COM 端口，25 针接口的打印机选用并行 LPT 端口，再单击"下一步"按钮，显示如图 2.3.14 所示对话框，选择打印机厂商和型号。

图 2.3.12　添加打印机和传真窗口

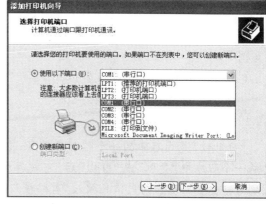

图 2.3.13　选择打印机端口

③ 单击"下一步"按钮，继续按照向导提示操作，直到完成打印机安装。

第 7 步：修改日期和时间。

如果用户需要修改日期和时间，在"控制面板"窗口中双击"日期和时间"图标，或双击任务栏的时间图标，打开"日期和时间 属性"对话框，选择"时间和日期"选项卡，操作步骤如图 2.3.15 所示。

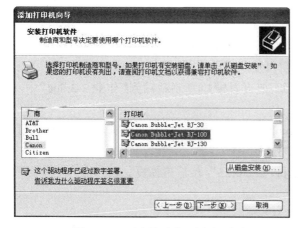

图 2.3.14　选择打印机厂商和型号

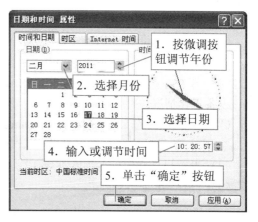

图 2.3.15　修改日期和时间

【技能拓展】

拓展:"剪贴板"的使用

打开"\ 小梅资料 \ 学习 \ 练习 \ 屏幕粘贴 .doc"文件,将整个桌面背景内容复制粘贴到文档中,再把设置日期和时间的窗口也复制粘贴到文档中,并按原文件名保存。

操作步骤如下:

① 显示桌面。

② 按 PrintScreen 键进行屏幕拷贝。

③ 打开"屏幕粘贴 .doc"窗口,按 Ctrl+V 键,就把桌面图片粘贴到文档中,按 Enter 键,换一行。

④ 双击任务栏的"时钟"图标,打开"日期和时间 属性"对话框,设置好日期和时间后,按 Alt+PrintScreen 组合键进行窗口复制。

⑤ 切换到"屏幕粘贴 .doc"窗口,按 Ctrl+V 键,就把"日期和时间 属性"对话框的图片粘贴到文档中。

⑥ 保存"屏幕粘贴 .doc"文件:单击菜单"文件→保存"命令。

🖱 小贴士

"剪贴板"是内存中的一个临时存储区,它是程序内部和程序之间交换信息的工具。把信息从一个程序中"复制"或"剪切"后,它就存放在"剪贴板"中,通过"粘贴"命令将这些信息复制到另一位置。屏幕拷贝信息放入"剪贴板",分为如下情况:

① 把整个屏幕内容拷贝到"剪贴板":按 PrintScreen 键。

② 把当前窗口内容拷贝到"剪贴板":按 Alt+PrintScreen 组合键。

【体验活动】

(1) 在"D:\计算机应用基础 \ 单元 2"文件夹中,新建"作业 2-3.doc"文件。

(2) 设置桌面背景为"\ 任务 2.3\ 素材 \Beijing.jpg"图片,把设置后的屏幕拷贝粘贴到"作业 2-3.doc"中。

(3) 设置显示器的分辨率为 800×600 像素,把设置窗口复制粘贴到"作业 2-3.doc"中。

(4) 设置"启动 Windows"的声音为"\ 任务 2.3\ 素材 \GUANJI.wav"。

(5) 设置将音量图标放入任务栏,把设置窗口复制粘贴到"作业 2-3.doc"中。

(6) 查看本机的网卡设备是否能正常工作,把查看窗口复制粘贴到"作业 2-3.doc"中,并对该设备工作情况进行说明。

(7) 在计算机的 LPT1 端口添加 Canon Bubble-Jet BJ-100 型号的打印机,设置为默认打印机,将设置好的最后窗口复制并粘贴到"作业 2-3.doc"中。

(8) 设置日期和时间为"2010 年 12 月 12 日,12:30:23",然后再恢复。

(9) 保存"作业 2-3.doc"。

任务 2.4　系统附件功能多

【任务说明】

学校的新生暑期夏令营活动开始了,学校邀请小梅给新同学做一次计算机兴趣课的辅导,小梅接到任务后,发现辅导内容涉及附件中的诸多功能,如绘画、计算和简单文档的建立等。那小梅同学该如何完成她的任务呢?

【任务目标】

(1)"画图"、"计算器"、"记事本"等程序的使用。

(2)学会:

① 了解系统自带程序的使用。

② 掌握保存文件的方法。

③ 会用"画图"工具作画并保存,会用"画图"工具裁切图片。

④ 熟练用"计算器"进行数据运算和数制转换。

⑤ 熟练用"记事本"输入信息并保存。

【实施步骤】

第1步:启动"画图"程序。

单击"开始→所有程序→附件→画图"命令,弹出如图2.4.1所示的"画图"编辑窗口。

要制作如图2.4.2所示图画,操作步骤如下:

① 选好前景色,用图形工具作画。

用"曲线"画:山和河堤;用"直线"画:山的底部;用"矩形"画:凳子、房子的墙和门;用"多边形"画:房子的顶部;用"椭圆"画:太阳;用"文字"工具输入"我的画"。

② "用颜色填充"工具对山、凳子、房子和太阳填充相应的颜色。

图 2.4.1　"画图"窗口

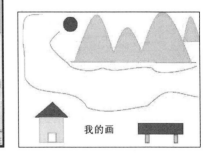

图 2.4.2　图画

③ 保存文件。单击菜单"文件→保存"命令,选择保存位置"D:\ 计算机应用基础 \ 单元 2\",选择保存类型为 .jpg,输入文件名"我的画",单击"确定"按钮。

如果想把图画作为桌面背景,可单击"文件→设置为墙纸"命令,此时的保存文件类型必须为 .bmp 格式,即可立即设置好桌面背景。

📝 小贴士

"画图"程序是 Windows XP 提供的绘图工具应用程序,利用"画图"程序可以方便地绘制一幅简单的图画,或对已有的图片进行一些编辑,操作完成后,可以保存为 .bmp、.jpg、.gif 等格式的文件。

利用"工具箱"和"颜料盒",用户可以绘制各种图画和图形。操作说明如下:

① 单击颜料盒中的某种颜色,选中的作为前景色;右击颜料盒中的某种颜色,选中的作为背景色。

② 按住鼠标左键拖动用前景色画图,按住鼠标右键拖动用背景色画图。

③ 如果画圆或正方形时,选椭圆或矩形工具,按住 Shift 键的同时按住鼠标左键拖动。

④ 如果画水平、垂直或 45°方向的直线时,选直线工具,按住 Shift 键的同时按住鼠标左键拖动。

⑤ 绘制曲线时,选中曲线工具,按住鼠标左键拖动画一直线,向任意方向拖动,拖动停止后单击鼠标结束,即可构成简单的单峰曲线;如果第一次拖动停止后,再进行第二次拖动,可构成波形曲线。

⑥ 绘制多边形时,选中多边形工具,先按住鼠标左键拖动画一直线,单击鼠标选择多边形的其他顶点,最后再单击起点位置,即可构成封闭的多边形。如果画 45°或 90°角时,在单击鼠标时按住 Shift 键。

第 2 步:"计算器"的使用。

单击"开始→所有程序→附件→计算器"命令,弹出如图 2.4.3 所示的标准计算器窗口。单击菜单"查看→科学型"命令,可以切换到科学型计算器窗口,如图 2.4.4 所示。

将十进制数 122 转换为二进制数。

图 2.4.3　标准型计算器

图 2.4.4　科学型计算器

操作方法如下：

① 用"科学型"计算器，先选择被转换的数制"十进制"单选按钮，输入数值 122。

② 再选择转换后的数制"二进制"单选按钮，转换结果 1111010 就会显示出来。

③ 如果要将计算结果复制到其他文档中，单击"编辑→复制"命令，再"粘贴"到其他文档中。

小贴士

  系统中的"计算器"包含标准计算器和科学型计算器，利用前者可以进行简单的计算，利用后者可以进行高级的科学性计算和统计计算，这两种计算器，在操作时与使用真的计算器的方法一样。

  输入数据时，可以用电脑键盘直接输入，也可用鼠标点击计算器的数字按键来输入。利用"计算器"可以很方便地进行数制转换。

第 3 步：简单文档的建立——记事本的操作

① 启动"记事本"程序：单击"开始→所有程序→附件→记事本"命令，弹出"记事本"窗口。

② 在工作区输入以下文本信息：姓名、家庭地址、邮政编码。

③ 保存文件：单击"文件→保存"命令，选择保存位置"D:\计算机应用基础\单元 2\"文件夹，输入文件名为"myaddress.txt"，单击"确定"按钮。

小贴士

  "记事本"只用于纯文本的编辑，功能比较单一，不能进行复杂的版面设置、图文混排等操作，但它使用方便、快捷，应用也比较多。

几种常用的操作：

① 选定文本：把鼠标移到需要选择的文本之前，按住鼠标左键拖动到所选取的文本末尾，松开左键，当文字呈反白显示时，说明已经选中。当需要选择全文时，可单击"编辑→全选"命令，或者使用快捷键 Ctrl+A。

② 删除文本：选定需要删除的文本，可以在键盘上按下 Delete 键，也可以单击"编辑→删除"命令。

③ 移动文本：先选中文本，当文本呈反白显示时，按下鼠标左键拖到所需要的位置再放手，也可以在选中文本后，单击"编辑→剪切"命令，把鼠标移到目标位置处，单击"编辑→粘贴"命令，即可完成移动的操作。

④ 复制文本：先选定文本，单击"编辑→复制"命令（或按快捷键 Ctrl+C），把鼠标移到目标位置，单击"编辑→粘贴"命令（或按快捷键 Ctrl+V）。

【技能拓展】

拓展：用"画图"程序剪切图片。

剪切桌面的"IE 浏览器"图标，存放到自己的 Word 文档中。

操作步骤为：

① 显示桌面，按 PrintScreen 键拷贝整个屏幕。

② 打开"画图"窗口,单击"编辑→粘贴"命令,粘贴桌面的图片。

③ 用"选定工具"选中"IE 浏览器"图标,单击"编辑→复制或剪切"命令。

④ 打开目的文档,找到要放图片位置,单击"编辑→粘贴"命令即可。

【体验活动】

(1)在"D:\计算机应用基础\单元 2"文件夹中,新建"作业 2-4.doc"文件。

(2)用"画图"工具绘制一张如"\任务 2.4\素材\房子.PNG"所示图画,保存在"D:\计算机应用基础\单元 2"文件夹中,命名为"mypicture.bmp"。

(3)先复制桌面,用"画图"工具,剪切"我的电脑"图标并粘贴到"作业 2-4.doc"中。

(4)用"计算器"计算下列各题,把计算结果输入到"作业 2-4.doc"中。

$234 \times 45 + 345/3 = ($ $)$,$(234)_{10} = ($ $)_2$,$(110111)_2 = ($ $)_{10}$。

(5)打开"记事本"程序,输入自己的班级学号、姓名和所学专业,把文件保存在"D:\计算机应用基础\单元 2"文件夹中,命名为"my.txt"。

(6)保存"作业 2-4.doc"。

任务 2.5　整理磁盘除垃圾

【任务说明】

小梅的计算机最近读取文件的速度特别慢,她查看 C 盘后发现可用空间明显减小,她才想起可能是磁盘文件碎片太多,垃圾文件太多,于是她对计算机进行整理,整理后速度明显变快,可用空间也明显增多,她是怎么做的呢?

【任务目标】

(1)磁盘清理和磁盘碎片整理、查看磁盘属性。

(2)学会:

① 理解系统工具磁盘清理和碎片整理的作用。

② 会磁盘清理操作。

③ 会磁盘碎片整理操作。

④ 熟练查看磁盘空间。

【实施步骤】

第 1 步:对 C 盘进行磁盘清理。

① 启动"磁盘清理"程序:单击"开始→所有程序→附件→系统工具→磁盘清理"命令,弹出"选择驱动器"对话框。

② 选择对 C 盘进行清理,操作步骤如图 2.5.1 所示。

✉ 小贴士

在 Windows XP 工作过程中,会产生许多临时文件,包括"回收站"的文件、下载的程序文件、Internet 临时文件等,时间长了,会占用大量的磁盘空间,造成空间浪费。

磁盘清理的目的是清除垃圾文件,释放其占用的磁盘空间。

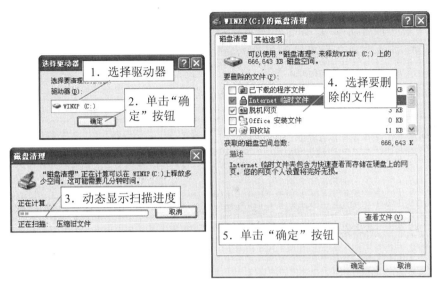

图 2.5.1　磁盘清理操作

第 2 步：对 C 盘进行碎片整理。

① 启动"磁盘碎片整理"的程序：单击"开始→所有程序→附件→系统工具→磁盘碎片整理程序"命令，弹出"磁盘碎片整理程序"对话框。

② 选择对 C 盘进行碎片整理，操作步骤如图 2.5.2 所示。

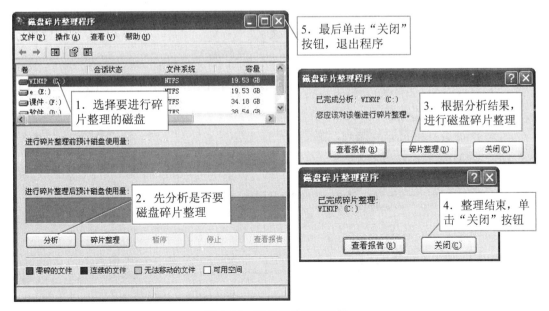

图 2.5.2　磁盘碎片整理操作

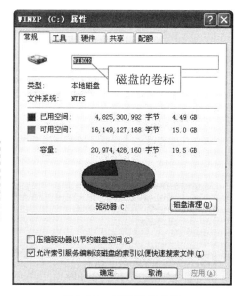

📧 **小贴士**

　　磁盘在使用一段时间以后，由于用户多次对文件进行修改或删除操作，文件可能会被分割成许多"碎片"，存放在磁盘的不同位置，当打开这些文件时，会增加磁盘的读取时间，降低了磁盘的读/写速度，也浪费了磁盘空间。

　　磁盘碎片整理的目的就是把所选磁盘的整个空间重新排列，使同一文件和文件夹的内容放在磁盘的连续空间上，提高磁盘的读/写速度。在实际使用过程中，要定期整理磁盘，一般三四个月一次。

🖐 **小提示**

　　在碎片整理前应该把硬盘中的垃圾文件和信息清理干净，进行碎片整理时要关闭其他所有的应用程序，包括屏幕保护程序。

　　第 3 步：查看磁盘空间。

　　查看 C 盘空间的方法：打开"我的电脑"，右击要查看的磁盘 C 盘，在快捷菜单中选择"属性"命令，打开如图 2.5.3 所示的属性对话框。从该对话框中可看到磁盘的卷标、文件系统类型、已用空间、可用空间等信息，也可以对磁盘进行清理、查错、碎片整理等操作。

🖐 **小提示**

　　当用户在安装一个比较大的软件时，先要检查磁盘有没有足够大的空间；磁盘的卷标是可以修改的。

图 2.5.3　查看磁盘空间

【体验活动】

（1）查看 D 盘的已用空间和可用空间。

（2）对 D 盘进行磁盘清理。

（3）对 D 盘进行磁盘碎片整理，要求整理前先进行分析。

任务 2.6　常用软件巧安装

【任务说明】

　　小梅的同学刚买了计算机，要安装金山打字软件练习打字，她向小梅请教如何安装和卸载软件的方法。

【任务目标】

（1）安装/卸载金山打字通应用程序。

（2）学会安装 / 卸载应用程序的方法。

【实施步骤】

第 1 步：安装金山打字通应用程序。

① 上网下载"金山打字通 2003"安装软件。

② 打开要安装的软件"金山打字通 2003"文件夹，文件夹中包含安装文件 Setup.exe 和序列号文件 sn.txt。安装步骤如图 2.6.1 所示。

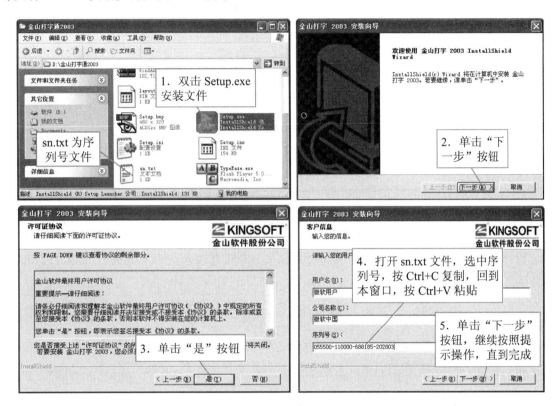

图 2.6.1　安装金山打字通操作

安装完成后，在桌面和"开始→所有程序"菜单中就能看到该程序的图标。

> 🌸 小提示
>
> 　　目前的应用程序软件，都有自动安装功能，安装文件和相关的程序一般都集中在一个文件夹中，安装文件一般为 Setup.exe 或 Install.exe，而有些软件则只有一个安装包文件，直接双击这个文件就可以安装软件。

第 2 步：卸载金山打字通应用程序。

当对已安装的软件不再需要时，可以将其卸载。方法是：在"控制面板"中双击"添加或删除程序"图标，打开"添加或删除程序"对话框。卸载"金山打字 2003"程序的步骤如图 2.6.2 所示。

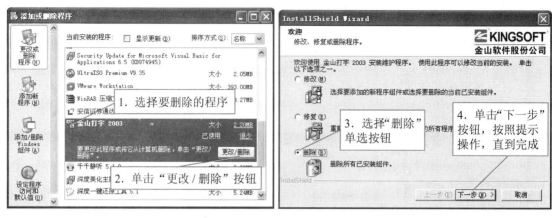

图 2.6.2　卸载金山打字通应用程序

"金山打字通 2003"软件删除后,该程序在"开始→所有程序"菜单和桌面上的快捷方式也都自动删除了。

> **小提示**
>
> 用户要删除已经安装的应用程序,不能采用删除一般文件的简单删除方式,因为这些应用程序在安装时,不仅把内容复制到特定位置,而且也在系统初始化文件中留下了运行的信息。

【体验活动】

（1）安装和卸载压缩软件 winrar.exe（软件是单个文件）。

（2）安装和卸载伟福单片机软件 E6000W（软件集中在文件夹,安装文件一般为 Setup.exe）。

任务 2.7　和谐共享一台机

【任务说明】

小梅班主任办公室有一台计算机,有 4 个同学共用,有些同学常抱怨自己的资料被别人修改或删除了,小梅想解决这个问题,给计算机设置了多用户登录功能,使各用户之间都有相对独立的工作环境,避免类似情况的发生。

【任务目标】

（1）把计算机设置成多用户登录系统。

（2）学会:

① 了解系统中多用户的作用。

② 给计算机设置多用户管理及权限,使一台计算机能够为不同人员使用。

【实施步骤】

第1步:打开"用户账户"窗口。

在"控制面板"中双击"用户账户"图标,就可在窗口中选择所要操作的任务。

第 2 步:创建新账户。

创建用户名为 WW 的管理员账户,操作步骤如图 2.7.1 所示。用同样方法,再创建其他 4 个受限账户,用户名分别为 PFL、LW、CLZ、ZF。

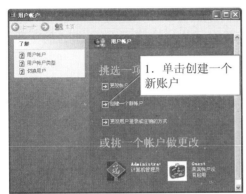
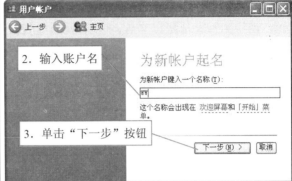
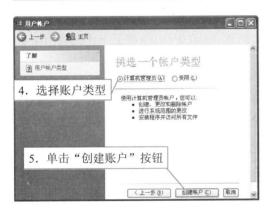

图 2.7.1 创建用户操作

第 3 步:更改账户属性。

为管理员 WW 账户创建登录密码。在"用户账户"的主页窗口中,单击"WW"账户图标,在弹出的窗口中有账户名称、登录密码、账户类型、删除受限账户等账户属性选项,选择"创建密码",在创建密码窗口中输入密码,单击"创建密码"按钮,完成创建密码操作。用同样方法可为其他受限用户创建登录密码。

第 4 步:切换账户。

如果要从 WW 账户切换到 LW 账户,方法是:单击"开始→注销"命令,弹出如图 2.7.2 所示对话框,在该对话框中选择"切换用户",返回到登录界面,选择 LW 用户,输入密码,按 Enter 键即可登录系统,进入 LW 用户环境。

每个用户登录系统后,仍然可以更改账户属性操作,操作方法与上面第 3 步的操作相同。

图 2.7.2 注销 Windows

第 5 步：对"我的文档"操作。

每个受限账户的"我的文档"是独立的，彼此之间不能看见对方的文件，但管理员有权查看受限用户文档。通过如下操作实现：

① 切换到受限账户 PFL，打开"我的文档"，新建 pfl.doc 文件。

② 切换到受限账户 CLZ，打开"我的文档"，新建 clz.doc 文件，再打开"我的电脑"，查看有无"PFL 的文档"文件夹。

③ 切换到管理员账户 WW，打开"我的电脑"，查看有无"PFL 的文档"和"CLZ 的文档"的文件夹，若有，可打开查看有无 pfl.doc 和 clz.doc 文件。

第 6 步：关闭账号。

当用户账户要退出系统时，方法是：单击"开始→注销"命令，在如图 2.7.2 所示对话框中单击"注销"按钮，系统返回到初始的登录界面。

> **小提示**
>
> 在 Windows XP 中，管理员也可用"计算机管理"工具来管理用户，方法是：右击"我的电脑"，在快捷菜单中选择"管理"命令，弹出"计算机管理"窗口，在该窗口中展开"系统工具→本地用户和组→用户"文件夹，在右窗格中选中要更改的用户，右击，在快捷菜单中选择所要操作的命令。

> **小贴士**
>
> Windows XP 允许多个用户轮流使用计算机，而各个用户都拥有各自的访问权限、桌面环境和"我的文档"文件夹。启动 Windows XP 系统后，要输入合法的用户名和密码，才能登录进入系统中。不同类型的账户拥有不同的访问权限。Windows XP 账户类型有"管理员（Administrators）"和"受限账户"。"管理员"是超级用户，拥有最高权限，可以设置系统的软件硬件资源、创建和删除用户等。

【体验活动】

（1）创建管理员用户，用户名为 teacher，密码为 abc。

（2）用用户名 teacher 登录，设置选择登录和注销选项为"使用快速用户切换"。

（3）创建一个受限用户，用户名为 AA，登录密码为 123。

（4）创建一个受限用户，用户名为 BB，登录密码为 456。

（5）用 AA 用户名登录系统，更改登录密码为 321，打开"我的文档"，新建 aa.doc 文件，然后单击"注销"按钮，退出系统。

（6）用 BB 用户名登录系统，在"我的文档"中新建 bb.doc 文件，并查看有无 AA 用户创建的 aa.doc 文件，然后单击"注销"按钮，退出系统。

（7）切换到 teacher 用户，打开"我的电脑"查看 AA 用户的文档和 BB 用户的文档。

任务 2.8 安全卫士拒病毒

【任务说明】

小梅的计算机最近运行速度很慢，还经常出现死机现象，怀疑是有计算机病毒进入计算机了，于是她到网上去下载 360 杀毒软件，准备安装到计算机上。

【任务目标】

（1）360 防病毒软件的安装及使用。

（2）学会：

① 了解常用的防病毒软件。

② 会安装和使用防病毒软件。

【实施步骤】

第 1 步：安装 360 杀毒软件。

打开存放下载软件的文件夹，找到 360 杀毒安装文件并双击运行，弹出安装向导窗口，按照向导提示完成安装 360 杀毒软件，当软件安装完成之后，在任务栏的通知区域就会出现"360 杀毒"的图标。

第 2 步：使用 360 查毒和杀毒。

双击通知区域的"360 杀毒"图标，打开如图 2.8.1 所示的窗口。

对 C 盘进行病毒查杀扫描，单击"指定位置扫描"图标，弹出如图 2.8.2 所示的对话框，在该窗口中选中 C 盘，单击"扫描"按钮。扫描结束以后，窗口会提示"已成功处理所有安全威胁！"，如果磁盘有病毒，还会显示已删除的带病毒文件。在扫描过程中，随时可以单击"暂停"或"停止"按钮，扫描结束单击"关闭"按钮退出程序。

图 2.8.1 360 查杀病毒窗口

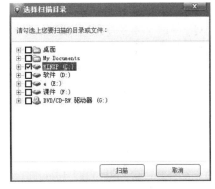

图 2.8.2 选择扫描目录

小贴士

目前流行的免费下载的杀毒软件除了 360 杀毒软件之外,还有金山公司的金山毒霸杀毒软件等。

用 360 查杀病毒有如下 3 种方式:

① 快速扫描:仅扫描计算机的关键目录和极易有病毒隐藏的目录。

② 全盘扫描:对计算机的所有分区进行扫描。

③ 指定位置扫描:仅对指定的目录和文件进行病毒扫描。

【体验活动】

(1) 安装 360 杀毒软件。

(2) 进行快速扫描系统病毒和杀毒。

(3) 对 C 盘进行病毒扫描和杀毒。

(4) 对 U 盘进行病毒扫描和杀毒。

任务 2.9　文件瘦身靠压缩

【任务说明】

小梅准备把同学聚会的相片通过 E-mail 发送给同学,相片数量多,容量大,发送时间会很长,于是她想到了一种压缩文件的软件,先把同学的相片放到新建的"聚会相片"文件夹中,再对这个文件夹进行压缩打包,以减少容量,她是怎么做的呢?

【任务目标】

(1) 对相片文件夹进行压缩和解压缩操作。

(2) 学会:

① 学会压缩文件和解压文件。

② 学会分卷压缩的方法。

③ 学会创建自解压文件的方法。

④ 学会加密压缩的方法。

【实施步骤】

第 1 步:安装 WinRAR 压缩软件。

打开存放软件的文件夹,找到 WinRAR 的安装文件并双击运行,弹出安装向导窗口,按照向导提示完成安装。

第 2 步:压缩文件操作。

将"聚会相片"文件夹压缩到 E 盘中,操作步骤如图 2.9.1 所示。操作结束后,就会在 E 盘下产生"聚会相片 .rar"压缩文件。

第 3 步:解压文件操作。

将"E:\聚会相片.rar"压缩文件解压到同一文件夹下,操作步骤如图 2.9.2 所示。

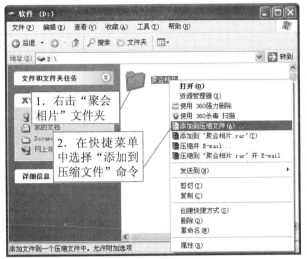
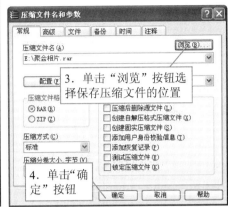

图 2.9.1 压缩文件操作

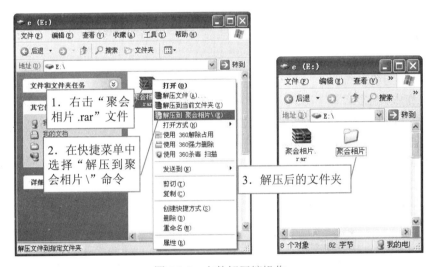

图 2.9.2 文件解压缩操作

小提示

　　压缩"聚会相片"文件夹还有一种方法：右击文件夹后，在快捷菜单中选择"添加到'聚会相片.rar'"命令，就会在同一文件夹下产生一个主文件名相同的压缩文件。用 WinRAR 软件压缩的文件的扩展名为 .rar。

【技能拓展】

　　拓展一：把"聚会相片"文件夹创建自解压文件。

　　用 WinRAR 软件在压缩文件时，可以将压缩文件转换为具有自解压功能的 .exe 文件，自解压文件的特点是不需要安装 WinRAR 压缩软件就能解开压缩包。

方法是：右击文件后，在快捷菜单中选择"添加到压缩文件"命令，接着按如图 2.9.3 所示操作，就会在同一文件夹下生成自解压功能的文件"聚会相片 .exe"。

自解压文件的解压方法：双击打开文件，在弹出的窗口中单击"安装"按钮即可。

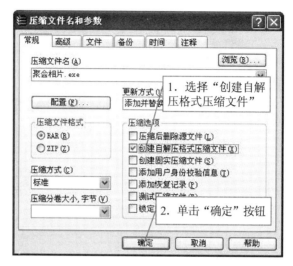

图 2.9.3　创建自解压文件

拓展二：实现分卷压缩。

在实际工作中，经常会将一些大文件分割成多个小文件，以便于数据传送或保存。

例，将大小为 9.12 MB 的"五笔"文件夹，进行分卷压缩，分卷大小为 3 MB。

方法是：右击文件后，在快捷菜单中选择"添加到压缩文件"，接着按如图 2.9.4 所示操作，即可在同一文件夹下生成 3 个压缩文件："五笔 .part1.rar"、"五笔 .part2.rar"和"五笔 .part3.rar"。

对分卷压缩文件进行解压的方法：在 3 个压缩文件中任选一个，右击，在快捷菜单中选择"解压到 五笔\"即可。

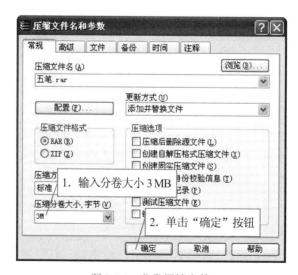

图 2.9.4　分卷压缩文件

拓展三：加密保护压缩包。

随着用户对数据安全意识的逐步提高，对文件进行加密保护已成为一种趋势，尤其是在网络共享和传送时。WinRAR 压缩工具可以对压缩包进行加密保护。

方法是：右击文件，在快捷菜单中选择"添加到压缩文件"命令，接着按如图 2.9.5 所示操作。

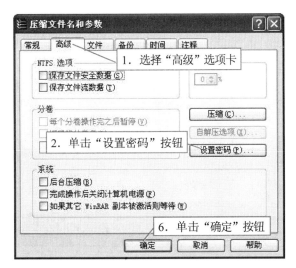 

图 2.9.5　设置加密压缩操作

【体验活动】

打开"\ 任务 2.9\ 素材 \"文件夹，完成以下操作：

（1）将"图1.jpg"、"图2.jpg"、"图3.jpg"和"图4.jpg"4个文件压缩为一个压缩包，名称为"我的图片"，并选择保存在"D:\ 计算机应用基础 \ 单元 2"文件夹中。

（2）将"你的心态决定你的生存高度 .zip"文件压缩包解压到"D:\ 计算机应用基础 \ 单元 2"文件夹中。

（3）将"图 1.jpg"、"图 2.jpg"和"图 3.jpg" 3 个文件创建成自解压文件，并命名为"图片集 .exe"，保存在"D:\ 计算机应用基础 \ 单元 2"文件夹中。

（4）将"暴风影音 .exe"创建成分卷压缩，每份10 MB，保存在"D:\计算机应用基础\单元 2"文件夹中。

（5）将"试题 .doc"创建成压缩文件，并设置解压密码为 123，保存在"D:\ 计算机应用基础 \ 单元 2"文件夹中。

任务 2.10　有备无患靠备份

【任务说明】

小李的计算机出问题了，什么文件都打不开，有死机现象，小李知道小梅计算机学得好，就请她帮忙解决。小梅打开计算机检查，试了几种方法都不能解决问题，因为系统以前没有备份，小梅决定重装系统，找到带有 WinPE 系统的启动 U 盘，就开始安装起来，系统安装后，还为小李安装了平时要用的各种应用软件，接着她就指导小李如何备份系统和恢复系统。

【任务目标】

（1）用 Ghost 软件对已安装好的系统进行备份，掌握当系统损坏时的恢复方法。

（2）学会：熟练对系统和数据文件的备份和恢复操作。

【实施步骤】

第 1 步：运行 Ghost 命令。

在开机启动时，选择"深度一键还原 GHOST V11.0"选项，进入 Ghost 界面。

第 2 步：用 Ghost 的备份分区。

要备份系统分区 C 盘的内容，把备份文件保存到 D 盘下，文件命名为"2011-3-1.GHO"。操作步骤如图 2.10.1 所示。操作完成后，按回车键返回到程序主画面。

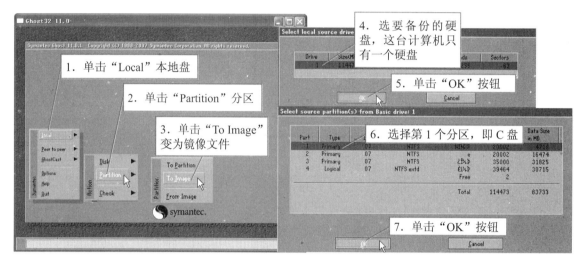

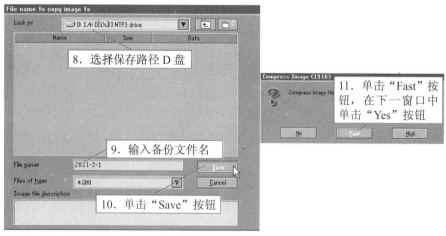

图 2.10.1　用 Ghost 备份系统操作步骤

第 3 步：退出 Ghost。

在程序主画面中，选择"Quit"（退出）命令，在弹出的对话框中单击"Yes"按钮。

第 4 步：用 Ghost 恢复系统。

如果硬盘中备份的分区数据受到损坏，用一般数据修复方法不能修复，或者系统被破坏后不能启动，都可以用备份的数据进行完全的恢复而无须重新安装系统和应用程序。在开机启动时再选择"深度一键还原 GHOST V11.0"选项，进入 Ghost 界面。

把 D 盘下的"2011-3-1.GHO"备份文件恢复到 C 盘，操作步骤如图 2.10.2 所示。

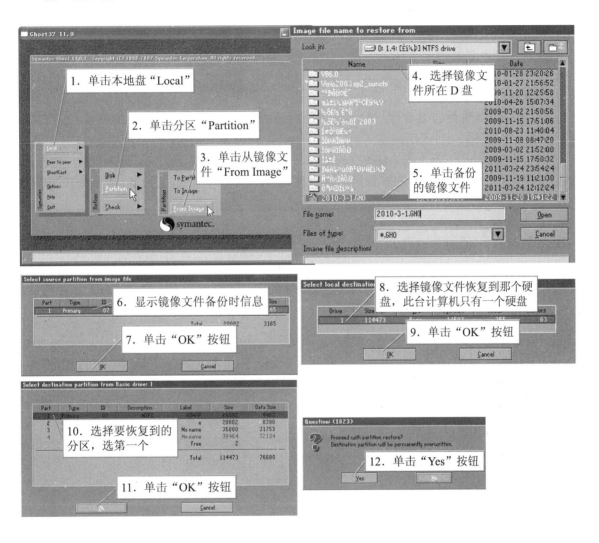

图 2.10.2 备份系统操作步骤

🖋️ **小贴士**

使用 Ghost 进行系统备份，分为整个硬盘（Disk）和分区硬盘（Partition）两种方式。Disk 表示备份整个硬盘（即克隆），Partition 表示备份硬盘的单个分区。一般分区备份除备份 C 盘系统外，还可以备份存放重要资料的分区，以防数据丢失。

【技能拓展】

拓展一：硬盘克隆与备份。

硬盘的克隆就是对整个硬盘的备份和还原。选择"Local → Disk → To Disk"命令，在弹出的窗口中选择源硬盘（第 1 个硬盘），然后选择要复制到的目标硬盘（第 2 个硬盘）。

拓展二：硬盘备份。

Ghost 还提供了一项硬盘备份功能，就是将整个硬盘的数据备份成一个文件保存在另一个硬盘上。选择"Local → Disk → To Image"命令，在弹出的窗口中选择保存路径。以后就可以随时还原到其他硬盘或源硬盘上，这对安装多个系统很方便。使用方法与分区备份相似。

【体验活动】

用 Ghost 软件备份 D 盘文件，然后再恢复 D 盘文件。

操作步骤如下：

① 先把 Windows 版本的 Ghost 文件 GHOST32v11.EXE 复制到 C 盘，运行 GHOST32v11.EXE 文件，进入 Ghost 界面，备份 D 盘文件操作，把备份文件保存在 E 盘下，新建一个"Ghost 备份文件"文件夹，把备份文件命名为当前日期，如"2011-3-11.GHO"。

② 退出 Ghost 程序。

③ 再运行 GHOST32v11.EXE 文件，进行恢复 D 盘文件的操作。

任务 2.11　练习打字有方法

【任务说明】

小梅的打字速度一直提高不了，原因是她的发音不准，经常拼错拼音，于是她向老师请教有没有适合她的打字方法，老师建议她用五笔输入法，按汉字的笔划来输入，就是对不认识的字也能打出来，于是她安装了金山打字软件来练习五笔输入法，她是如何练习呢？

【任务目标】

（1）中文打字练习。

（2）学会：

① 学会正确的打字指法。

② 熟练五笔输入法。

【实施步骤】

第 1 步：启动金山打字。

双击桌面"金山打字"图标，弹出如图 2.11.1 所示窗口。

第 2 步：查看"打字教程"。在打字教程中有五笔字型输入法的说明，把五笔字型字根助记词背熟（可见附录），才能灵活应用。

第 3 步："五笔打字"训练。

在金山打字主界面中，单击"五笔打字"按钮，弹出如图 2.11.2 所示对话框，内有 4 个选项卡。

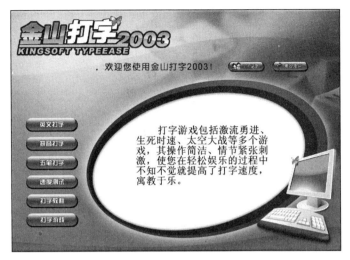

图 2.11.1 五笔打字窗口

图 2.11.2 五笔打字窗口

① "字根练习"选项卡。

单击"课程选择"按钮，弹出如图 2.11.3 所示窗口，按照横区、竖区、撇区、捺区、折区的字根顺序练习。

② "单字练习"选项卡。

单击"课程选择"按钮，选择"一级简码"、"二级简码"、"常用字"的顺序练习。

③ "词组练习"选项卡。

单击"课程选择"按钮，选择"两字词组"、"三字词组"和"四字词组"顺序练习。

图 2.11.3 字根课程选择

④ "文章练习"选项卡。

单击"课程选择"按钮,选择"小说"、"散文"、"格言"等文章练习。

✉ 小贴士

(1) 单字输入。

① 一级简码 A ~ Y 键,共 25 个,输入键名各代表一个汉字。

A(工)、B(了)、C(以)、D(在)、E(有)、F(地)、G(一)、H(上)、I(不)、J(是)、K(中)、L(国)、M(同)、N(民)、O(为)、P(这)、Q(我)、R(的)、S(要)、T(和)、U(产)、V(发)、W(人)、X(经)、Y(主)。

② 键名字根汉字:见附录中各键位左上角的黑体字根,共 25 个,输入方法是把键名所对应的键连按 4 次。例如"王":GGGG;"山":MMMM。

③ 合体字。就是由两个以上字根组成的汉字:输入时取第一、二、三、末四个字根的编码。例如"缩":纟宀亻日(XPWJ);"键"钅彐二乀(QVFP)。

④ 成字字根汉字:在每个键位上,除了一个键名字根外,还有其他字根本身也是一个汉字,称之为成字字根。成字字根输入方法是:键名 + 首笔代码 + 次笔代码 + 末笔代码。例如"手":手丿一丨(RTGH);"厂":厂一丿(DGT)。

⑤ 对于拆分不足 4 个字根的汉字,输入时要加上一个末笔字型识别码。

先来认识键盘区位的划分:以横起笔的为第 1 区(G、F、D、S、A 键),以竖起笔的为第 2 区(H、J、K、L、M 键),以撇起笔的为第 3 区(T、R、E、W、Q 键),以捺(点)起笔的为第 4 区(Y、U、I、O、P 键),以折起笔的为第 5 区(N、B、V、C、X 键),每个区有五个键,从 11 到 15,21 到 25,…,51 到 55,一共是 25 个区位号。

字型和字型代号:汉字的字型结构可分为三种类型:左右型,代号为 1;上下型,代号为 2;杂合型,代号为 3;如表 2-3 所示。

表 2-3 汉字的三种字型结构

字 型 代 号	字 型	字 例
1	左右	树明汉湘
2	上下	苗另音要
3	杂合	司困回夫

末笔字型识别码:即最后一个笔划的区号 + 字型代号,如表 2-4 所示。

表 2-4 末笔字型识别码

字型 末笔	左右 1	上下 2	杂合 3
横 1	11G	12F	13D
竖 2	21H	22J	23K
撇 3	31T	32R	33E
捺 4	41Y	42U	43I
折 5	51N	52B	53V

例如，"叭"的末笔"丶"捺在 4 区，字型为左右结构，字型代号为 1，则识别码为 4 区的 1 号键即 Y 键，所以"叭"的五笔编码为：口八＋识别码（KWY）；"汀"的末笔"丨"竖在 2 区，字型为左右结构，字型代号为 1，则识别码为 2 区的 1 号键即 H 键，所以"汀"的五笔编码为：氵丁＋识别码（ISH）。

（2）词组输入。

两字词：取每个汉字的前两个字根。例如"计算"：言十竹目（YFTH）。

三字词：前两个字各取第一个字根，最后一字取前两个字根。例如"广东省"：广七小丿（YAIT）。

四字词：取每个汉字的第一字根。例如"肝胆相照"：月月木日（EESJ）。

多字词：超过四个字的词组，取前三个汉字和最后一个汉字的第一个字根。例如"中华人民共和国"：口亻人口（KWWL）。

🔆 小提示

汉字输入方法除五笔输入法外，比较常用的还有智能 ABC 输入法和搜狗拼音输入法。

① 智能 ABC 输入法：以拼音为基础，以词组输入为主的汉字输入方法。输入时可用全拼、简拼、混拼等输入方式。例如"成功"可用：chenggong、cg、chg、cgong、chengg 等方法。

② 搜狗拼音输入法：是基于搜索引擎技术的输入法，提供了全拼、简拼、英文、模糊音等许多功能，深受网民的喜爱。例如，"今天天气很好"，按 jttqhh，然后按空格键就行了。

【技能拓展】

拓展：打字游戏。

在主界面中单击"打字游戏"按钮，弹出如图 2.11.4 所示窗口，在窗口中有 5 个打字游戏，每个游戏都很有特色且好玩。

图 2.11.4　打字游戏主界面

如果在网络机房，可以进行两个人的打字比赛，看谁打得快。在图 2.11.4 所示窗口中选择"生死时速"，在弹出的窗口中选择"多人游戏"，接着选择"创建游戏"、"选择人物"、"选择道具"、"选择打字"的英文文章，单击"开始"按钮，两个人就可以进行打字比赛了。

【体验活动】

（1）练习英文打字：键位练习（初级）、键位练习（高级）、单词练习、文章练习。

（2）选择下列其中一种输入法来练习：

练习拼音打字：音节练习、词汇练习、文章练习。

练习五笔打字：字根练习、单字练习、词组练习、文章练习。

（3）打字速度测试，选择其中一篇课程，设置测试时间为 20 分钟。

单元 3

遨游网络世界

——Internet 应用

【单元说明】

　　本单元学习 Internet 使用的基本技能，了解和互联网有关基本概念。掌握通过网络获取信息、同他人沟通交流、利用网络学习和解决问题的方法，主要包括浏览器、搜索引擎、电子邮件、即时通信、远程桌面、网络硬盘、博客、网上购物等。IE 版本为 Internet Explorer 8.0，并建议在连通外网环境下学习本单元内容。

　　本单元中许多操作涉及具体的人物信息，教材将以虚拟人物小梅为例予以说明，请读者在学习时根据自己的情况酌情变通。

【技能目标】

　　（1）学会在 IE 中浏览信息、掌握 IE 的基本参数设置。

　　（2）以百度为例，学会使用网络搜索功能；学会利用网络进行学习，能寻找问题答案及解决办法。

　　（3）学会申请电子邮箱、收发电子邮件，并对电子邮箱作一般管理；以 QQ 为例，学会使用IM 软件同他人沟通的方法和技巧。

　　（4）学会网络博客、微博、网络硬盘的注册、使用；学会网络购物并体验其快捷、方便的特性。

任务 3.1 足不出户知天下

【任务说明】

本任务以 Internet Explorer 8.0 为实例，介绍浏览器的使用及简单参数设置，要求实训环境能畅通连通互联网。

【任务目标】

（1）会在 IE 浏览器中打开指定的网址，打开超链接，并将网页保存为指定的类型。

（2）会设置浏览器的基本参数。

（3）知道互联网的含义，了解互联网提供的服务。

（4）了解网页保存的各种格式。

【实施步骤】

第 1 步：单击"开始→所有程序→ Internet Explorer"（简称 IE），启动浏览器，如图 3.1.1 所示。或者直接双击桌面 IE 快捷图标。

图 3.1.1 启动 IE 浏览器

小贴士

打开 Web 网站浏览信息的工具软件称为浏览器。微软的 Internet Explorer 就是一种著名的浏览器软件，简称 IE，本书主要介绍 IE 8.0 的初步使用。常见的浏览器还有"360 安全浏览器"、"火狐浏览器 Mozilla FirFox"、"傲游浏览器 Maxthon"、"QQ 浏览器"等。

IE 启动后的界面如图 3.1.2 所示。

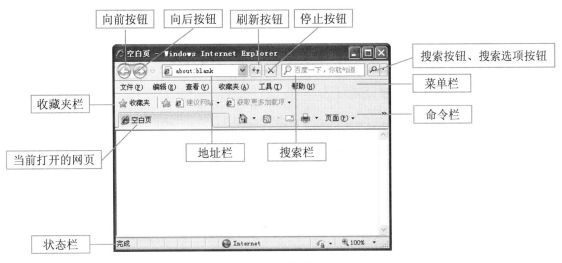

图 3.1.2　IE 浏览器界面

小贴士

右击菜单栏的空白，在弹出菜单的"自定义"选项中选择参数项，可进一步定制 IE 的工作界面。如图 3.1.3 所示。

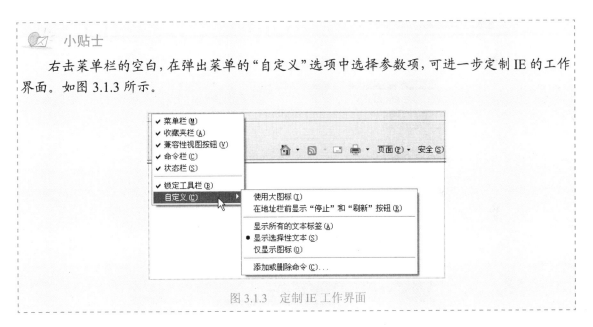

图 3.1.3　定制 IE 工作界面

第 2 步：输入中华网网址，查看社会新闻。在地址栏中输入"http://www.china.com"，再按回车键或单击"刷新"（快捷键 F5），就可看到中华网上丰富的信息，如图 3.1.4 所示。网页中存在大量的超链接，鼠标指向这些链接时鼠标指针会变成 形，单击则会链接到详细的页面。例如，单击"要闻"栏目中"人社部：年底城镇基本医保将覆盖 90% 人群"，可以链接到对应详细信息的页面。

第 3 步：打开网页并保存为文本文件。在中华网首页中，找到"科技"栏目，单击打开其中的一个标题，如"信用卡网络欺诈趋严重"。在"信用卡网络欺诈趋严重"网页中，单击"文件"菜单，再单击"另存为"命令，找到保存位置"D:\ 计算机应用基础 \ 单元 3\3.1.4"，选择文件类型为"文本文件（*.txt）"，单击"保存"按钮，可将打开的网页保存为文本文件，如图 3.1.5 所示。

图 3.1.4 中华网 http://www.china.com 首页

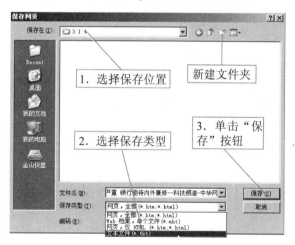

图 3.1.5 保存网页

✏️ **小贴士**

网页保存类型有以下 4 种：

（1）"网页，全部"：保存已经打开网页上所有显示的内容，除了产生一个网页文件以外，还将网页显示全部内容所需要的图片、文字、样式等保存在另一个文件夹中。此种方式会产生大量的文件。其优点是，在断开网络情况下，仍可打开该网页的内容。

（2）"Web 档案，单个文件"：这是一种 Web 电子档案文档，它将当前打开的网页保存为一个文件（mht:mono html）。mht 文件比较大，但便于管理。

（3）"网页，仅 HTML"：只将当前网页保存为一个 html 文件。此种方式保存的网页，在断开网络的情况下，无法完整显示。

（4）"文本文件"：只将当前网页的文字部分保存为文本文件。由于有许多效果、格式数据并未保存，因此，打开保存的文本文件后，它显示的内容可能会有些凌乱。所以通常可以先从文本文件中复制出所需的文字内容，再用 Word 进行处理。

『小技巧』

单独保存网页上的图片。

右击网页中看到的图片，单击"图片另存为"命令，即可单独保存网页上显示的图片。如图 3.1.6 所示。

第 4 步：IE 浏览器简单参数设置。重新打开 IE 浏览器，单击"工具"菜单，再单击"Internet 选项"，打开"Internet 选项"对话框，如图 3.1.7 所示，其中包括"常规"、"安全"、"隐私"、"内容"、"连接"、"程序"、"高级" 7 个选项卡，可分别对浏览器进行参数设置。

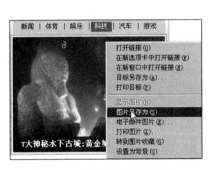

图 3.1.6 保存网页上的图片

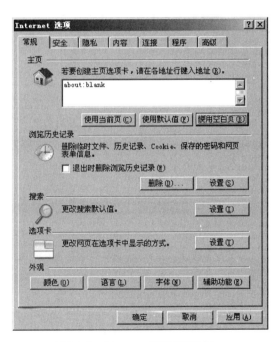

图 3.1.7 "Internet 选项"对话框

（1）将百度搜索网设置为主页：单击"常规"选项卡，在"主页"中输入"http://www.baidu.com"，单击"应用"按钮，即可完成主页设置。以后只要打开 IE，首先打开的就是百度搜索。

单击"使用当前网页"按钮，可将当前打开的网页设置为主页；单击"使用默认值"按钮，可将微软推荐的"http://go.microsoft.com/fwlink/?LinkId=69157"设置为主页；单击"使用空白页"按钮，则把空白页设置为主页，在地址栏中看到的是"about:blank"，其实是未设置主页。

（2）退出时删除浏览历史记录：单击"常规"选项卡，在"浏览历史记录"中勾选"退出时删除浏览历史记录"复选框，并单击"应用"按钮。

（3）以选项卡形式打开链接网页：单击"常规"选项卡中的"设置"按钮，选择"当前窗口中的新选项卡"单选按钮。如图 3.1.8 所示。

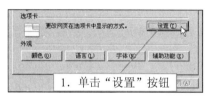
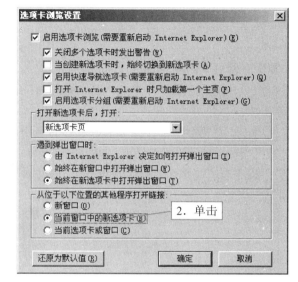

图 3.1.8 设置在"当前窗口中的新选项卡"打开链接

设置选项卡方式打开链接网页后，再打开网页中的超链接，会在新建的选项卡中打开目标网页，如图 3.1.9 所示。

图 3.1.9 当前窗口中用新选项卡打开网页

（4）阻止弹出窗口。很多网页都通过弹出窗口显示广告、提示信息等，有时觉得有碍网站的浏览，这时可以设置阻止弹出窗口，并可设置指定的网页允许弹出窗口。

在"Internet 选项"对话框中单击"隐私"选项卡，勾选"打开弹出窗口阻止程序"复选框，如图 3.1.10 所示。单击"设置"按钮，添加允许弹出窗口的地址，如图 3.1.11 所示。

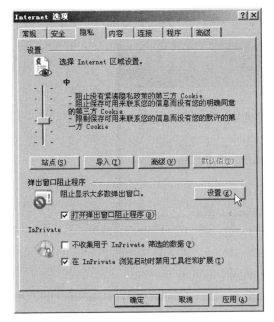

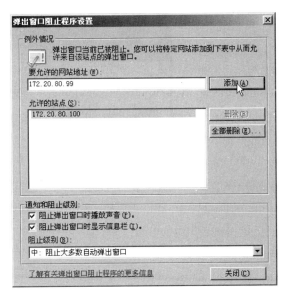

图 3.1.10　设置"打开弹出窗口的阻止程序"　　　　图 3.1.11　添加允许弹出窗口的例外网站

【疑难解答】

为什么在 IE 浏览器中无法设置主页？

正常情况下，通过"Internet 选项"是可以设置主页的，但由于病毒、木马等可能修改了系统（如注册表）设置，直接将一个非法网址设置成主页，让用户无法通过 IE 的"Internet 选项"进行修改，给用户带来困扰。

解决办法：

（1）直接修改注册表的键值来设置主页。

单击"开始→运行"，输入"regedit"，打开注册表编辑器，找到"HKEY_LOCAL_MACHINE\SOFTWARE\Microsoft\Internet Explorer\Main"，将 [Start Page] 及 [Default_Page_URL]（如有）的数值数据更改为所指定网址；再单击 [HKEY_CURRENT_USER] → [Software] → [Microsoft] → [Internet Explorer] → [Main]，同样将 [Start Page] 及 [Default_Page_URL]（如有）的数值数据更改为指定网址。

（2）通过工具软件设置并锁定 IE 主页。许多工具软件提供了管理 IE 的主页设置功能，如 360 安全卫士 7.7 版。打开 360 安全卫士 7.7 后，单击"常用"，再单击"系统恢复"，之后单击"IE 常用设置"，打开"IE 常用设置"对话框，可以设置或者锁定浏览器其的主页。如图 3.1.12 和图 3.1.13 中标注的 1 ～ 6 步操作所示。

【体验活动】

打开网易（http://www.163.com），浏览其中的内容。将网易的主页保存为一个文本文件"wy.txt"，保存在"D:\ 计算机应用基础 \ 单元 3"中；设置网易为 IE 的主页，设置在新窗口中打开链接网页；设置禁止弹出窗口，但网易作为例外，即允许网易打开弹出窗口。

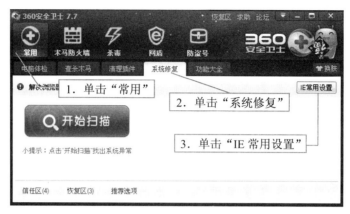

图 3.1.12　360 安全卫士界面

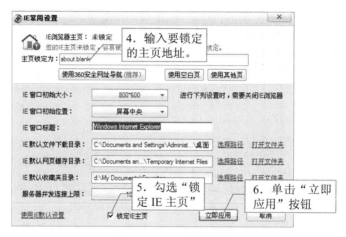

图 3.1.13　IE 常用设置

任务 3.2　遇事不知网上搜

【任务说明】

因特网上的信息浩如烟海，要获取有用的信息，必须通过搜索引擎快速、准确地主动查找信息。提供关键字，搜索引擎能快速地搜索到与之匹配的资讯，并按相关率的高低排序后返回给用户。

【任务目标】

（1）学会在百度中如何查找所需的信息。

（2）了解搜索关键字的含义，学会百度中构造关键字的简单技巧。

（3）学会在网上学习、寻找问题解决之道的方法，学会将网上的资料整理成学习笔记的方法。

（4）了解"TCP/IP 协议及作用"。

【实施步骤】

第 1 步：启动 IE，并在地址栏中输入"http://www.baidu.com"，如图 3.2.1 所示。

图 3.2.1 百度搜索主页

第 2 步：在百度主页中输入"计算机等级考试"，再单击"百度一下"按钮，可以搜索到与"计算机等级考试"相关的网页，约 16 100 000 个，如图 3.2.2 所示。用户可打开搜索到的网页，获取自己需要的信息。

图 3.2.2 百度搜索结果网页

小贴士

百度快照：百度为收录的网页保存的文本备份，即使原网页无法访问，也可通过快照了解到页面的主要信息。但当无法链接到原网页时，页面中的图片等非文本内容将无法显示。

第 3 步：输入关键字"2011 年 计算机等级考试"，单击"百度一下"按钮，搜索结果是与"2011 年"、"计算机等级考试"同时相关的网页。如图 3.2.3 所示。

图 3.2.3 输入两个关键词

第 4 步：通过百度寻找问题答案。例如，在百度搜索框中输入"IE 浏览器无法设置主页"，单击"百度一下"按钮，便可以找到所提问题的解决办法，但是，内容是否正确、是否适合自己的需要，还需斟酌。

第 5 步：了解 TCP/IP 协议，摘录资料，制作成学习笔记。

（1）在百度搜索框中输入"TCP/IP 协议在网络中的作用"，单击"百度一下"按钮。在搜寻到的网页中，打开其中的"[TCP/IP 协议在 Internet 网中的作用]"，如图 3.2.4 所示。

图 3.2.4 "TCP/IP 协议的作用"搜索结果网页

（2）选中有关内容，在网页中右击，单击"复制"（Ctrl+C 键）命令，如图 3.2.5 所示。新建一个 Word 文档，命名为"单元 3TCPIP 协议 .doc"，在该文档中单击"文件→粘贴"（Ctrl+V 键）命令，将网页中选中的内容复制。最后单击"文件→保存"命令。

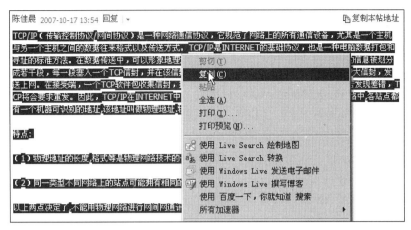

图 3.2.5 复制网页上的内容

【知识宝库】

关键词，就是在搜索框中输入的文字，也就是用户要求百度寻找的东西。通过准确地输入关键字，可以搜索到用户需要的信息。关键字构造的优劣，直接影响搜索的速度和准确性。以下是关于关键字构造技巧的初步小结。

（1）准确的关键词：百度搜索要求"一字不差"。例如输入"电脑"和"计算机"，搜索结果会不同。

（2）两个关键词：输入两个关键词，中间用空格隔开，可以获得更精准的搜索结果。

（3）高级搜索功能：

① 减除无关资料。用"A-B"（减号前必须留一空格），搜索与 A 有关且删除与 B 有关的网页。例如，要搜寻关于"武侠小说"，但不含"古龙"的资料，可使用的查询："武侠小说 - 古龙"。

② 并行搜索。用"A|B"来搜索出包含关键词 A 或者包含关键词 B 的网页。

③ 专项搜索。百度还提供了专项内容的搜索网，单击搜索框上的链接，可直接进入专项搜索网。如图 3.2.6 所示。

图 3.2.6 百度的专项搜索

专项搜索是百度提供的专门的网站,例如:

① 新闻搜索(http://news.baidu.com/)可搜索超过五百个新闻源,每天发布 80 000 ～ 100 000 条新闻。

② MP3 搜索(http:// mp3.baidu.com)可搜索超过 60 万种 MP3,只需输入关键词,就可以搜到各种版本的相关 MP3。

③ 图片搜索(http://image.baidu.com),只需输入关键词,就可以搜到各种图片。

此外,还有视频搜索(http://video.baidu.com/)、地图搜索(http://map.baidu.com/)等。

(4) 在指定网站内搜索。在网址前加"site:",要求关键词与 site 之间有空格相隔,site 后的网址不带 http://,例如,输入关键词"汽车 site:www.china.com",获取中华网(http://www.china.com)中关于"汽车"有关内容。

(5) 在标题中搜索。在一个或几个关键词前加"intitle:",可以限制只搜索网页标题中含有这些关键词的网页。例如,"intitle: 平板电脑",搜索到的是标题中含有"平板电脑"的网页。

【技能拓展】

(1) 使用其他的搜索引擎,例如在 Google 中搜索"2010 广州亚运会开幕式"。

在 IE 中输入 http://www.google.com.hk,在搜索框中输入"2010 广州亚运会开幕式",单击"Google 搜索"按钮,可搜索到有关"2010 广州亚运会开幕式"的有关网页。

> 📧 小贴士
>
> 常见的搜索引擎有:
> 百度: http://www.baidu.com
> 谷歌: http://www.google.com.hk
> 雅虎: http://www.yahoo.com/
> 搜狗 : http://www.sogou.com/
> 狗狗: http://www.gougou.com/
> 以上这些搜索引擎,使用方法大同小异,功能各有不同。

(2) 查找"佛山市顺德容桂电视台开车去天河电脑城"的行车路线,并保存为"路书"。

操作步骤如下:

① 启动浏览器,输入搜狗网址 http://www.sogou.com,并单击"地图",如图 3.2.7 所示。

② 单击"自驾",在"从"后面输入"容桂电视台",在"到"后输入"广州天河电脑城",单击"搜索"按钮,可获得行车路线的文

图 3.2.7　搜狗搜索界面

字描述及地图。单击"保存／转帖"按钮，可将路线查询结果保存为一个网页并转发，如图 3.2.8
所示。

图 3.2.8　搜索行车路线

③ 将查询结果保存为本地的"行车指南"。

在"D:\ 计算机应用基础 \ 单元 3"中新建一个文档"单元 3 行车指南 .doc"，将查询路线的文
字说明复制到该文档中，如图 3.2.9 所示。

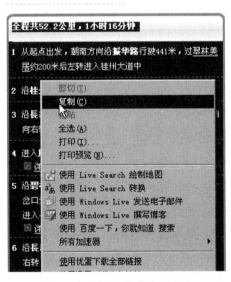

图 3.2.9　复制路线的文字部分

单击"截图"，再单击"保存图片"，如图 3.2.10 所示，将行车路线图保存为"D:\ 计算机应用
基础 \ 单元 3\ 行车路线 .gif"，并将图粘贴到"单元 3 行车指南 .doc"中。

图 3.2.10 保存行车路线图

【体验活动】

（1）利用网络搜索引擎，请学习并寻找下列问题的答案，并摘录制作成学习笔记，保存在"单元三网络知识 .doc"中。

① 因特网的常用接入方式及相关设备有哪些？

② 无线网络的使用方法。

（2）家人要开车从你就读的学校去学校所在城市的购书中心，请通过网络查询，设计出行车路线，并提供必要的路线图。

任务 3.3 电子邮件一点通

【任务说明】

本任务申请网易免费邮箱，并收发送邮件。远隔千山万水的朋友，只要鼠标轻轻点击，即可传递音信。

【任务目标】

（1）学会申请电子邮箱，并能熟练收发电子邮件。

（2）会使用常用电子邮件管理工具。学会在 Web 邮箱中设置自动回复、设计电子名片、设置签名等。

【实施步骤】

第 1 步：向网易申请免费邮件账号。

（1）注册邮件账号。在浏览器中输入"http://www.126.com"，打开网易免费邮页面，单击"立即注册"按钮，如图 3.3.1 所示。

（2）输入用户注册信息，如图 3.3.2 所示。输入完毕后单击"创建账号"按钮，完成用户的注册，如图 3.3.2 和图 3.3.3 所示。在图 3.3.3 中，可观察到"您的网易邮箱 gdsdxiaomei@126.com 注册成功"，gdsdxiaomei@126.com 就是小梅新申请的 E-mail 地址。利用它，可以同远方的朋友进行联系了。

图 3.3.1　126 免费邮首页

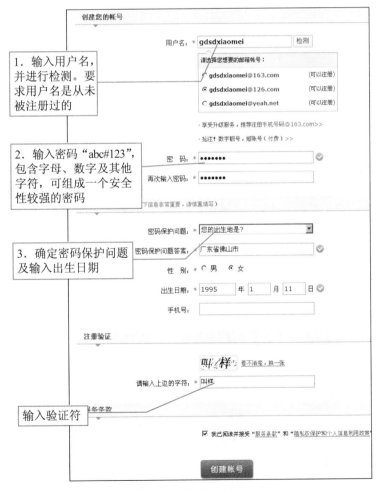

图 3.3.2　输入用户信息

图 3.3.3　邮件账号注册成功

 小提示

　　在申请邮件账号时，需要提供用户名、密码等。为了增加信息的安全性，提醒注意如下几点：

　　① 先拟一个与自己相关、好记用户名。如本例中 gdsdxiaomei，通过拼音字母表示"广东顺德小梅"。

　　② 设计一个安全、可靠的密码。密码构成最好包含字母、数字及其他字符，如"@,#,$,&"等，不要简单地用生日数字作为密码，两次输入的密码要相同，密码输入后，要牢记，不要写在本子上。

　　③ 构造一个私密性强的密码保护问题。密码保护问题是保护密码的重要措施，如果要修改密码、忘记密码时，系统可以通过该问题来确认是不是合法用户。选定的问题答案（或自定义的问题及答案），要具有很强的私密性，即只有本人自己才可能知道的答案。本任务中选"您的出生地是？"并提供"广东省佛山市"的答案，私密性不是太强。主要考虑到教材要公开发行，若设置太私密的问题，会令读者感到莫名其妙。

小贴士

　　网上提供的邮件服务除免费之外，还有收费邮件服务（商务邮、VIP 等），后者可以提供更大的邮件空间、实时短信通知、用户名定制更自由、优先服务、海量群发等附加服务。但一般用户使用免费邮就已足够。许多门户网站都提供了免费邮服务，除网易外，国内外知名的免费邮网站参见表 3-1。

表 3-1 常用免费邮网站

邮 件 名 称	服 务 商	邮箱系统首页	邮 箱 格 式
中华邮	中华网	http://mail.china.com/chinawm/index.html	name@mail.china.com
新浪邮	新浪网	http://mail.sina.com.cn/	name@sina.com
Hotmai 邮	微软	www.hotmail.com	name@hotmail.com
雅虎邮	雅虎	http://mail.cn.yahoo.com/	name@yahoo.com.cn
...	...	...	...

第 2 步：打开邮箱查看 E-mail。

用浏览器打开 126 免费邮首页，如图 3.3.1 所示，输入账号名、密码，单击"登录"按钮，进入邮箱，如图 3.3.4 所示。

图 3.3.4 进入 126 邮箱

第 3 步：写邮件并发送给亲友。单击"写信"，输入有关内容，单击"发送"按钮，即将所写邮件发送到收信人邮箱中，如图 3.3.5 所示。

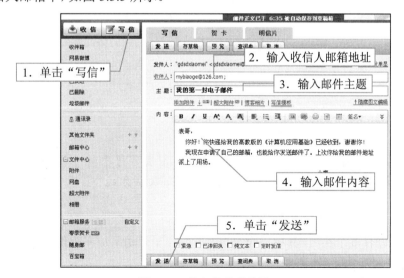

图 3.3.5 录入信件并发送

第4步：新建联系人，建立通讯簿。单击"通讯录"，再单击"＋新建联系人"，输入联系人有关信息，保存在通讯录中，如图 3.3.6 所示。新建联系人后，不仅可以将联系人分组和保存联系人详细信息，还可以通过选择人名来发送邮件，使邮件收发更方便。

图 3.3.6　输入新建联系人信息

第5步：设计邮件签名，设置自动回复，修改邮箱密码。在进入邮箱状态下，单击页面右上方的"设置"，可对邮件系统进行个性化的参数设置。例如：

（1）设置邮件签名：设置邮件签名后，会在新建的邮件后自动加上签名内容，省去了每次最后输入签名的繁琐。单击"签名设置"，如图 3.3.7 所示。

图 3.3.7　邮件设置界面

> **小贴士**
>
> 邮件签名会自动添加在新建邮件内容的后面，省去了每次输入相同签名内容的重复劳动。签名可包括丰富的信息，包括单位地址、职务、联系方式、主页等，甚至可用电子名片来作为签名。

126 邮箱允许有多个签名，其中一个是"默认签名"，自动添加在邮件内容后的就是这个"默认签名"，若要使用其他签名，需要手工选择。

单击"添加签名"，输入标题、签名内容，单击"保存并设为默认"，如图 3.3.8 所示。

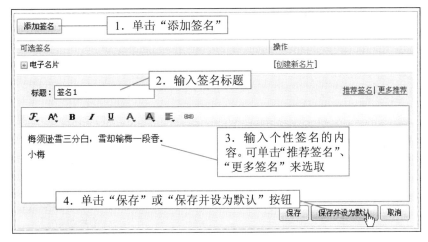

图 3.3.8 添加个性签名

（2）设置自动回复。进入邮箱后，单击"设置"，再单击"邮件收发"栏目中的"自动回复"，之后单击"使用自动回复"，修改自动回复的内容为"您发给我的信件已经收到，我会尽快回复您，谢谢！"，并指定执行起止时间，最后单击"确定"按钮，如图 3.3.9 所示。

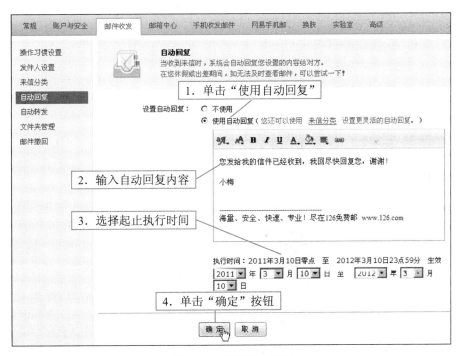

图 3.3.9 设置自动回复

（3）修改邮件密码。单击"设置"，再单击"账户与安全"栏目中的"修改密码"，输入旧、新密码、验证文字，单击"下一步"按钮，出现"密码修改成功"提示，如图 3.3.10 所示。邮件密码修改完成。

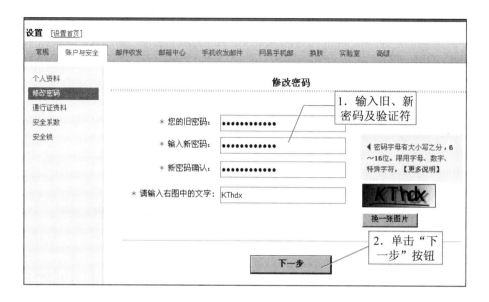

图 3.3.10 设置邮件密码

【技能拓展】

在 126 邮箱中设计电子名片，并将电子名片设置为签名。

『说明』

制作出如下效果的电子名片，如图 3.3.11 所示，作为邮件签名使用。

图 3.3.11 电子名片效果图

『准备』

准备好自己的照片，并保存在"D:\ 计算机应用基础 \ 单元 3\ 素材"文件夹中。本例中用光盘"\ 单元 3\ 小梅头像 .jpg"作为照片，并将此素材复制到指定位置。

『步骤』

（1）打开 http://www.126.com，输入账号、密码，进入自己的邮箱。本例中进入小梅的电子邮箱 gdsdxiaomei@126.com。

（2）单击"设置"中的"常规设置"栏目下的"签名设置"，并单击"创建电子名片"，如图 3.3.12 所示。

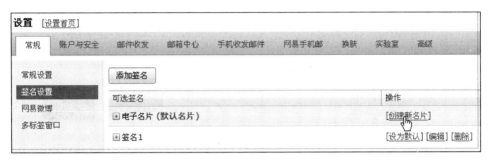

图 3.3.12 创建电子名片

（3）在新建电子名片中输入相应的信息。按图 3.3.13 中标注的步骤完成本操作。

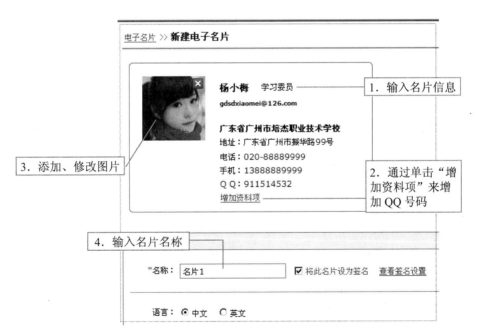

图 3.3.13 输入电子名片的基本信息

（4）选择名片排版及底图，按图 3.3.14 中标注的步骤完成本操作。

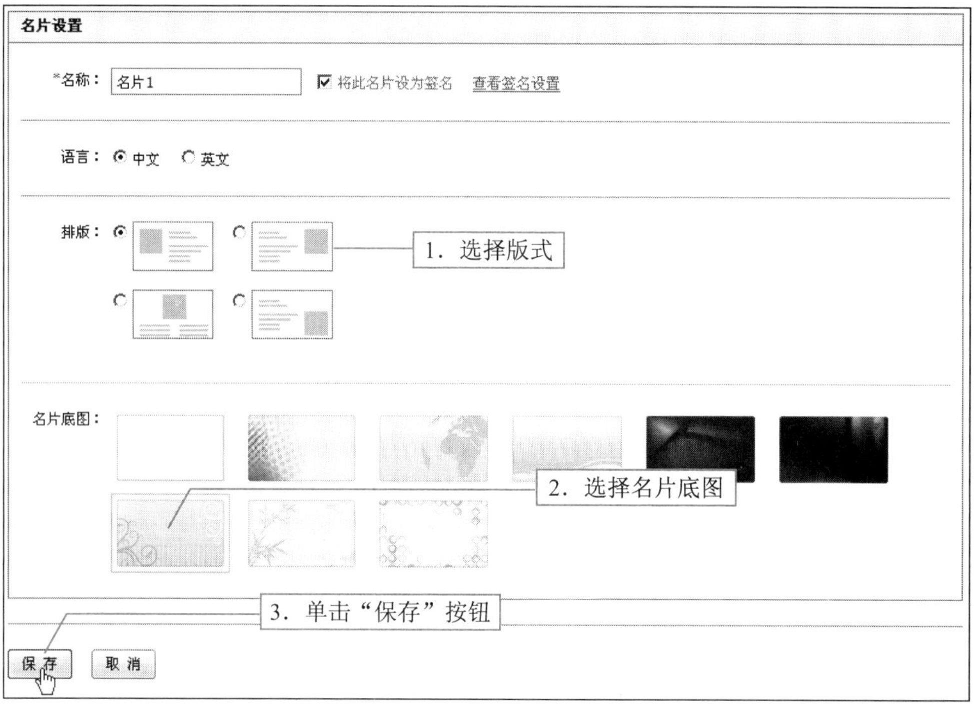

图 3.3.14 选择名片排版及底图

（5）在 E-mail 中使用名片。在邮箱中单击"写信"，电子名片作为签名自动放在邮件的尾部，如图 3.3.15 所示。

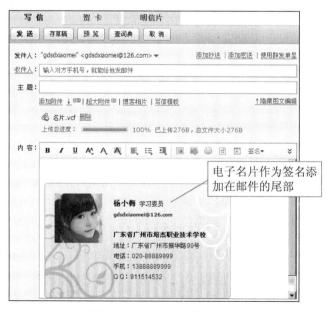

图 3.3.15 在邮件中使用名片

【知识宝库】

1. 电子邮件常识

电子邮件（E-mail）是互联网上使用非常广泛的服务，类似于现实中的邮件传递方式。电子邮件采用存储转发的方式进行传递，根据电子邮件地址，由网上多台主机合作，实现存储、转发功能。

电子邮件地址：采用固定格式 <用户邮件账号>@<主机域名>，其中字符 @ 读作 at，是表示邮件地址的规定符号。例如 gdsdxiaomei@126.com，就是一个邮件地址，它是世界上唯一的，表示"126.com"邮件主机上有一个名为 gdsdiaomei 的电子邮件账户。

电子邮件通常包括信头、信体两部分组成。信头相当于信封，信体相当于信件的内容。

（1）信头常常包括下列几项：

收件人：收件人 E-mail 地址，多个收件人的地址用分号"；"隔开。

抄送：表示同时接收此信的其他人的 E-mail 地址。

主题：邮件的一个标题。

（2）信体就是希望收件人看到的正文内容，可以包括照片、音频、图片等附件。

2. POP3 和 SMTP

POP（Post Office Protocol），即电子邮局传输协议，而 POP3 是它的第三个版本，它规定了怎样将个人计算机连接到 Internet 的邮件服务器和下载电子邮件的电子协议。它是 Internet 电子邮件的第一个离线协议标准。简单来说，POP3 就是一个简单而实用的邮件信息传输协议。

SMTP（Simple Mail Transfer Protocol），即简单邮件传输协议。它是一组用于从源地址到目的地址传输邮件的规范，通过它来控制邮件的中转方式。SMTP 协议属于 TCP/IP 协议簇，它帮助每台计算机在发送或中转信件时找到下一个目的地。SMTP 服务器就是遵循 SMTP 协议的发送邮件服务器。

要在邮件客户端软件中收发邮件，必须设置好邮件系统的 POP3 和 SMTP 的服务器地址。通常，邮件服务商会公开邮件服务器的 POP 服务器、SMTP 服务器地址。例如，126 邮件系统中服务器地址为：

POP3 服务器：pop.126.com

SMTP 服务器：smtp.126.com

【疑难解答】

使用邮件客户端软件与在 Web 上直接收发邮件有何不同？

以 Web 方式登录收发邮件，不局限于某台固定的计算机，只要能上网，都可以方便地收发邮件，缺点是 Web 邮箱的空间有限，也不能离线查看以前的邮件。用邮件客户端软件如 Foxmail、Outlook 等，可以将网上的邮件下载到本地计算机，即便在网络关闭的情况下，也能查看本地的邮件，保存邮件的空间也大大拓宽，还可管理多个邮箱。邮件客户端也必须依赖于一个 Web 邮箱才能使用，要进行邮件账号设置之后才可进行收发。

【体验活动】

进入自己的邮箱（如果没有邮箱，请自行申请），完成下列操作：

（1）设置邮件自动回复，自动回复内容为"谢谢，您的邮件我已经收到。"。

（2）设计一个电子名片，包括姓名、手机号码、邮政编码、个人肖像等，并将此电子名片作为默认签名。

（3）在邮箱中新建一个联系人分组"同学师友"，将你已经掌握的老师、同学、朋友的 E-mail 加入其中。

（4）询问老师的邮件地址，给老师、小梅（gdsdxiaomei@126.com）同学各发送一封带签名的邮件，邮件标题为你的姓名、学号，邮件内容为自我介绍的一篇短文，并附上你的照片。

任务 3.4 即时沟通弹指间

【任务说明】

即时通信（Instant Messaging，IM）是互联网的重要应用，它为人们提供了一种实时的沟通方式。朋友间远隔千山万水，哪怕从未谋面，心灵沟通也能在弹指间完成。腾讯 QQ 是最常见的 IM 软件之一，本任务学习腾讯 QQ 2010 的基本操作。

本任务最好由至少两人一组合作完成，如示例中的刘老师和小梅。

【任务目标】

（1）学会申请 QQ 号、用 QQ 进行实时沟通、QQ 使用管理的一般技巧。

（2）了解即时通信的基本概念。

【实施步骤】

第 1 步：免费申请 QQ 账号。

打开网页 http://zc.qq.com/，如图 3.4.1 所示。网页提供了两种申请 QQ 账号的方法。

① 手机快速申请：按手机用户种类发送信息到指定的号码，可立刻得到一个新的 QQ 号码和登录密码，通过手机支付一定的费用。

② 网页免费申请：单击"立即申请"进入申请向导，之后的操作按照向导进行。如图 3.4.1 ～图 3.4.4 所示，其中标注的 1 ～ 4 步即完成 QQ 号的申请。

图 3.4.1 申请免费账号的两种方式

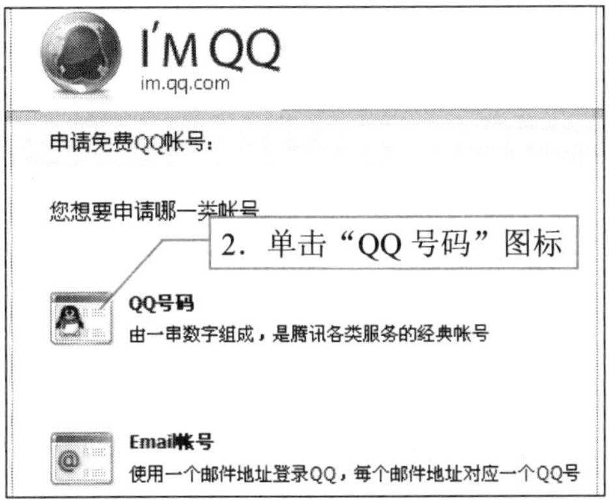

图 3.4.2 确定申请"QQ 号码"

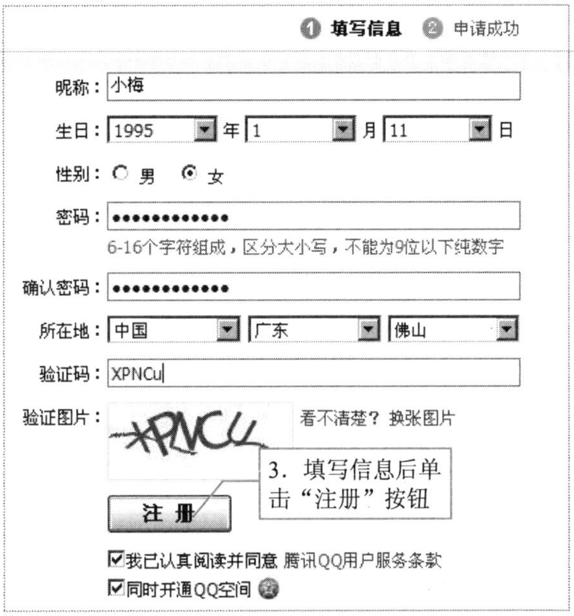

图 3.4.3 填写信息

图 3.4.4 申请成功

小贴士

QQ 是深圳市腾讯计算机系统有限公司开发的一款基于 Internet 的即时通信(IM)软件。腾讯 QQ 支持在线聊天、视频电话、点对点断点续传文件、共享文件、网络硬盘、自定义面板、QQ 邮箱、QQ 游戏等多种功能。并可与移动通信终端等多种通信方式相连。1999 年 2 月,腾讯正式推出第一个即时通信软件——"腾讯 QQ",QQ 在线用户由 1999 年的 2人已经发展到现在上亿用户了,在线人数超过 1 亿,是目前使用最广泛的聊天软件之一。QQ 标志如图 3.4.5 所示。

图 3.4.5 QQ 标志

第 2 步：搜索、下载、安装 QQ 2010 并登录。

（1）搜索 QQ 2010，如图 3.4.6 所示。

图 3.4.6 搜索"qq 2010 官方下载"

小贴士

"官方网站"一词是网络上对主办者所持有网站约定俗成的一种称谓，一般是指由某企业或部门自己组织成立的站点叫官方站点，可以理解为最权威、最有公信力的网站，或唯一指定的网站，特点是权威。

（2）下载并保存，如图 3.4.7 所示。

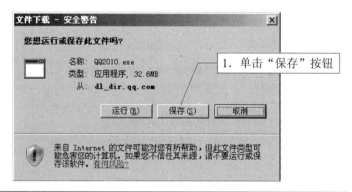

图 3.4.7 下载并保存 QQ 2010

（3）安装 QQ 2010。双击桌面上刚刚下载得到的 QQ 2010 ，按向导操作完成安装，共分 5 步，如图 3.4.8～图 3.4.12 所示。

图 3.4.8 安装 QQ 第 1 步

图 3.4.9 安装 QQ 第 2 步

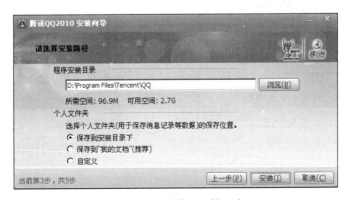

图 3.4.10 安装 QQ 第 3 步

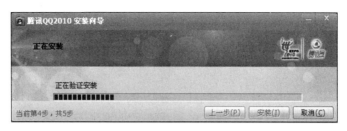

图 3.4.11   安装 QQ 第 4 步

图 3.4.12   安装 QQ 第 5 步

（4）登录 QQ。双击桌面快捷方式或单击"开始→所有程序→腾讯软件→ QQ2010 →腾讯 QQ2010"，启动登录界面，输入 QQ 号、密码，单击"登录"按钮，如图 3.4.13 所示，登录成功后进入 QQ 界面，如图 3.4.14 所示。

图 3.4.13   登录 QQ

图 3.4.14   QQ 主界面

第 3 步：加入好友，QQ 聊天。

（1）发出"添加好友的请求"。在 QQ 界面中单击"查找"按钮，输入好友的 QQ 号，例如刘老师的 QQ 号是 1483077783，如图 3.4.15 ～图 3.4.18 所示。

图 3.4.15 查找好友

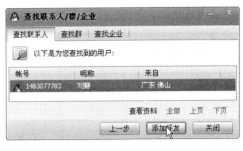

图 3.4.16 查找结果

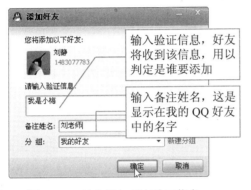

图 3.4.17 输入添加好友验证信息

图 3.4.18 添加完毕

（2）受邀好友确认加入。受邀人登录 QQ 后，会收到 QQ 系统的消息通知，单击消息通知图标 ，按图 3.4.19 ～图 3.4.21 所示的操作，完成好友加入。

图 3.4.20 添加好友（二）

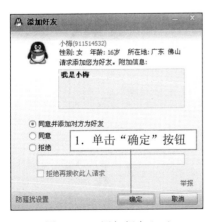

图 3.4.19 添加好友（一）

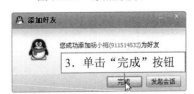

图 3.4.21 添加好友（三）

（3）与好友实时聊天。好友双方都在线时，就可以进行实时聊天，即使相隔千山万水也近如咫尺，如图 3.4.22 所示。

第 4 步：QQ 使用技巧。QQ 已经发展演变成集实时沟通、文件传输、娱乐、购物、安全、多媒体等众多功能于一体的 IM 软件，随着版本的不断递增，功能仍然在继续增加。

（1）设置"隐身"。登录进入 QQ 后，单击 ，可设置"我的状态"，如图 3.4.23 所示。

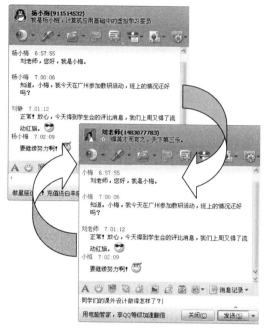

图 3.4.22　实时聊天

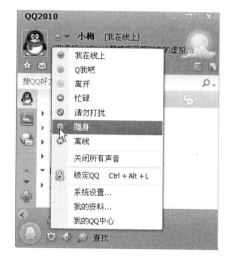

图 3.4.23　设置"隐身"

（2）修改密码。单击左下角的主菜单图标 ，再单击"修改密码"，会连接到"QQ 安全中心"，如图 3.4.24 所示。输入旧密码、新密码、验证码，可修改登录密码。

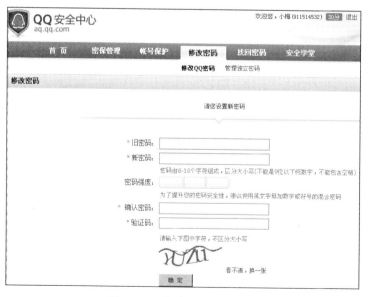

图 3.4.24　修改 QQ 登录密码

（3）发送语音聊天、视频聊天邀请。如图 3.4.25 所示，当发送语音、视频会话请求后，系统响起"嘟嘟…"，提醒好友确认。完成确认后，就可以开始语音、视频聊天了。

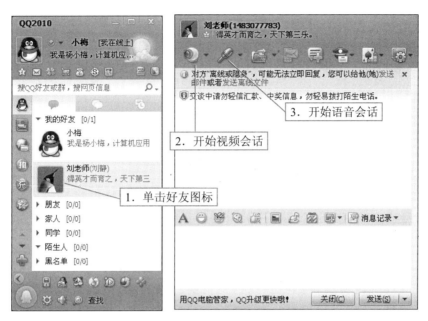

图 3.4.25　发送语音、视频会话邀请

（4）向好友传送文件。单击图 3.4.25 中工具栏中的图标，选中要发送的文件即可。

若好友不在线，可发送离线文件。如图 3.4.26 所示。

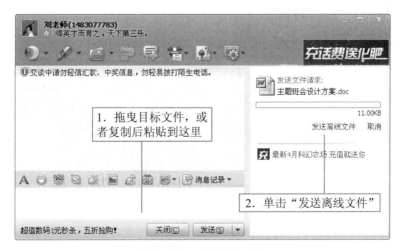

图 3.4.26　传送离线文件

【技能拓展】

向好友请求远程协助。

『说明』

在计算机使用过程中遇到自己解决不了的问题。在 QQ 中有能帮助自己的好友，可以通过远程协助，请好友远程操作自己计算机来予以解决。

『准备』

好友双方要同时在线，并且保持网络畅通。

『步骤』

（1）登录 QQ，单击好友图标，打开好友对话框，单击应用图标 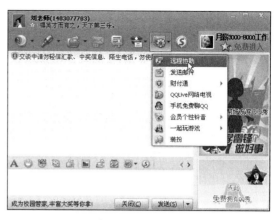，如图 3.4.27 所示。

（2）建立连接。如图 3.4.28 中标注的 1～5 步所示。

图 3.4.27　发出远程协助请求

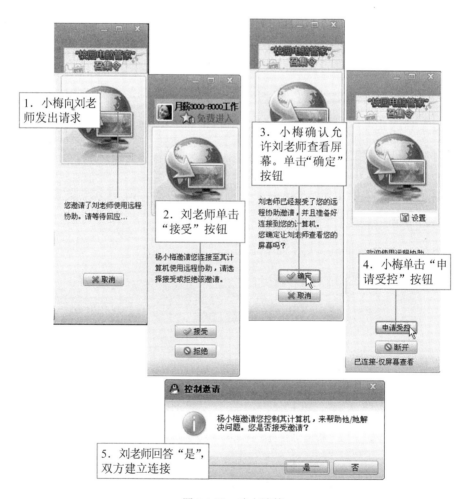

图 3.4.28　建立连接

（3）实现远程协助、远程操作计算机。连接建立之后，主控方（刘老师）可以查看受控方（杨小梅）的屏幕、远程操作受控方计算机。

（4）终止远程协助。由于协助请求是受控方发出的，因此受控方可以随时终止受控操作。操作如图 3.4.29 所示。

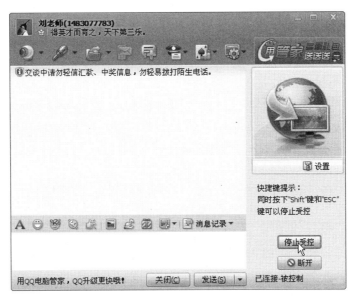

图 3.4.29　停止受控

【知识宝库】

即时通信及常见的即时通工具软件

即时通信（Instant Messenging, IM），是指能够即时发送和接收互联网消息等的业务。自 1998 年面世以来，特别是近几年的迅速发展，即时通信不再是一个单纯的聊天工具，它已经发展成集交流、资讯、娱乐、搜索、电子商务、办公协作和企业客户服务等为一体的综合化信息平台。

常用的即时通信工具软件除腾讯公司的 QQ 外，使用较多的还有：网易 POPO、新浪 UC、微软 MSN（Windows Messenger）等。

【疑难解答】

怎样清除 QQ 聊天记录？

清除 QQ 号所有聊天记录。在 QQ 的安装位置，找到 QQ 号文件夹，将其删除，同时清除回收站。删除后，这个号的所有记录就没有了，聊天记录也随之删除。QQ 号文件夹在安装位置：X:\program Files\Tencent\QQ\（QQ 号码）。

清除某个好友的聊天记录。在登录 QQ 的情况下，打开消息管理器，选择需要清除记录的网友的名字，右击，再单击"删除选中的记录"，按提示操作即可。

【体验活动】

（1）申请一个属于自己的 QQ，并记住 QQ 号、密码等重要信息。若已有 QQ 号，忽略本步。

（2）进行安全和隐私设置，将加入好友时的身份验证设置成"需要正确回答问题"，设置问题为"我的真实名字？"，正确答案为你的姓名。

（3）打听到你的老师的 QQ 号，并将其加入到自己的好友，并通过 QQ 与其聊天。

（4）将你的同班同学加入到你的好友，使用视频、语音进行会话。

（5）将一个文件保存在 QQ 网络硬盘中。

（6）全班共同创建一个群，将全班所有同学都加入到群中。

（7）在家完成作业后，使用 QQ 听听音乐，玩玩游戏。谨记：沉迷网游，有害无益。

任务 3.5　上传下载任我行

【任务说明】

利用网络上传、下载文件是工作、学习中的常见操作，本任务主要介绍 FTP 实现上传、下载，用工具软件实现下载，用工具软件架设简单的 FTP 服务等。为使操作顺利完成，请事先安装好迅雷 5 或者迅雷 7，部分操作需要分组合作完成。

【任务目标】

（1）学会利用 FTP 上传、下载文件，了解 FTP 匿名登录方式，了解 FTP 协议的含义及用途。

（2）学会用迅雷工具软件下载资料，会在 IE 中设置加载迅雷控件。了解 P2P、P2S、P2SP 的含义，了解常见的下载工具软件。

（3）学会用工具软件架设 FTP 服务，并用其实现文件的上传、下载。

【实施步骤】

第 1 步：指定匿名 FTP 地址上传、下载文件。

（1）在浏览器中打开给定的 FTP 地址，如 ftp://ftp.sdedu.net/temp，如图 3.5.1 所示。

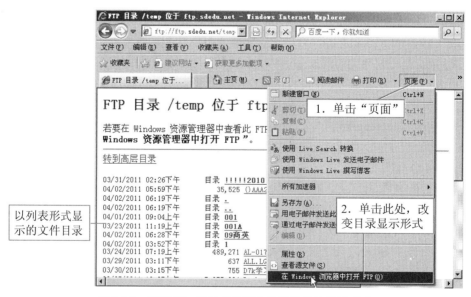

图 3.5.1　打开 FTP 地址并改变文件目录结构显示形式

（2）在 FTP 上新建文件夹。右击 FTP 右区的空白处，单击"新建→文件夹"命令，并将新文件夹命名为"1001 班"，如图 3.5.2 所示。

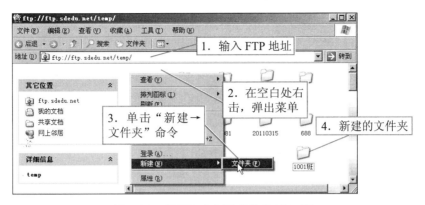

图 3.5.2　在 FTP 上创建文件夹 1001 班

（3）文件上传：复制要上传的文件，将其粘贴到"1001 班"文件夹中，或直接拖曳上传的文件到目标位置。

（4）下载文件：在 FTP 上找到要下载的文件，复制，再粘贴到本地计算机中，如图 3.5.3 所示。

图 3.5.3　从 FTP 上下载资料

小贴士

　　匿名 FTP 服务不需要用户输入用户名及密码，其实是以账号名 anonymous 自动登录。许多 FTP 服务是需要验证的，它为已经注册的用户服务，当打开这类 FTP 地址时，需要输入用户和密码信息，如图 3.5.4 所示。

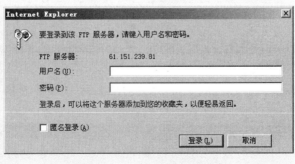

图 3.5.4　输入用户名和密码

第 2 步：用迅雷下载 FTP 服务器工具"20CN 迷你 FTP 服务器"。

（1）在百度中搜索"20CN 迷你 FTP 服务器"，找到一个下载链接，如 http://www.52z.com/soft/1857.html，单击"湖南电信下载"，如图 3.5.5 所示。

图 3.5.5　下载软件

（2）IE 会启动"迅雷"进行下载，如图 3.5.6 所示，完成图 3.5.6 中的 1～3 步，完成下载。

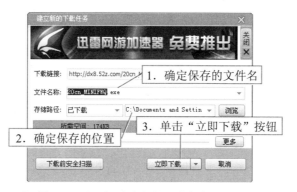

图 3.5.6　迅雷"建立新的下载任务"对话框

小贴士

迅雷（Thunder）是一款新型的基于 P2SP 的下载软件，它具有提高下载速度、降低死链比例、支持多结点断点续传、支持不同的下载速率、支持 Firewall、支持各结点自动路由、支持多点同时传送、支持离线下载等功能。迅雷的下载完全免费，安装也不需要注册。

Web 迅雷是迅雷公司推出的基于多资源超线程技术的下载工具，Web 迅雷在设计上更多地考虑了初级用户的使用需求，使用了全网页化的操作界面，更符合互联网用户的操作习惯。

三种用户下载模式：

① P2P: Peer-to-Peer，即点对点（用户对用户）。一端的下载速度与另一端的上传速度密切相关，普遍感觉 P2P 速度较慢。

② P2S: Peer to Server，即点对服务器（用户对服务器）。用户直接从服务器上下载，速度比 P2P 要快。

③ P2SP: Peer to Server&Peer，即点对服务器和点（用户对服务器和用户），是 P2P 技术的延伸，用户下载某一个文件的时候，会自动搜索其他资源，选择合适的资源进行加速，在下载的稳定性和下载的速度上有非常大的提高。

网络上常用的下载工具软件如图 3.5.7 所示。

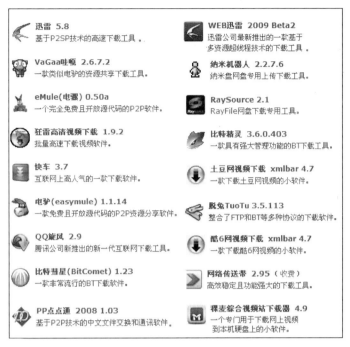

图 3.5.7 常用下载工具软件

第 3 步:用"20CN 迷你 FTP 服务器"在局域网内架设 FTP 服务。

(1)双击软件"20CN 迷你 FTP 服务器",运行该软件,如图 3.5.8 所示。

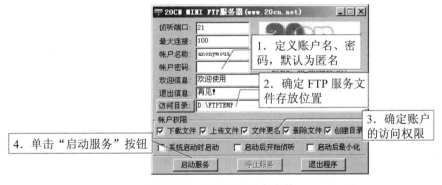

图 3.5.8 设置 FTP 服务参数

(2)访问 FTP 服务。在另一台计算机上输入以下 FTP 地址,可访问步骤(1)架设的 FTP 服务:

ftp://192.20.80.33 或者 ftp://jynpc

其中,192.20.80.33是架设FTP服务计算机(即FTP服务器)的IP地址,jynpc是其计算机名称。此FTP地址仅供局域网内使用。

▨ 小贴士

架设 FTP 服务，可以在 Windows 2000/2003/XP/Vista 等操作系统中直接完成。但如果不是架设专业级的 FTP 服务器，使用 FTP 工具软件来完成会更方便。

"20CN 迷你 FTP 服务器"是一款小巧、轻便的 FTP 服务器软件，可以快捷地定义账号、访问权限等，操作简便，特别适用于局域网内用户数不多、非专用 FTP 服务器的应用场合。

常见的 FTP 服务器工具还有如 Server-U、CuteFTP、8UFTP 等，较之"20CN 迷你 FTP 服务器"，其功能比较全面，权限控制更精细，连接数更多，安全性更高。

【技能拓展】

『说明』

用 Web 迅雷下载文件。

『准备』

实训室能连接到互联网。

『步骤』

（1）下载 Web 迅雷（网页迅雷 2009），并按照向导指引完成安装。如图 3.5.9 所示。

（2）配置 IE，加载网页迅雷控件。单击 IE 主菜单中"工具→Internet 选项"，打开"程序"选项卡中的"管理加载项"，如图 3.5.10 和图 3.5.11 中标注的 1 ～ 6 步所示。

图 3.5.9 网页迅雷安装向导及桌面图标

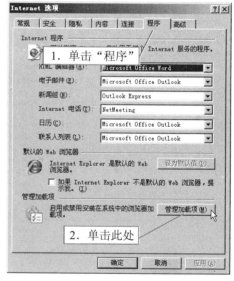

图 3.5.10 Internet 选项

（3）双击桌面"网页迅雷 2009"图标启动网页迅雷，如图 3.5.12 所示。

（4）配置网页迅雷。在网页迅雷主页中单击"配置"，打开配置面板，对网页迅雷的设置进行配置，完成后单击"保存设置"按钮，如图 3.5.13 所示。

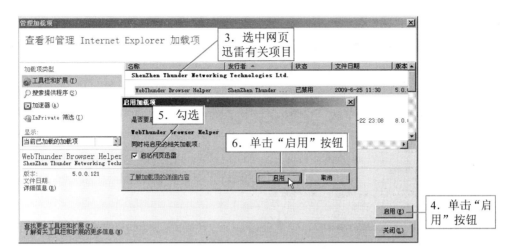

图 3.5.11 管理 IE 加载项

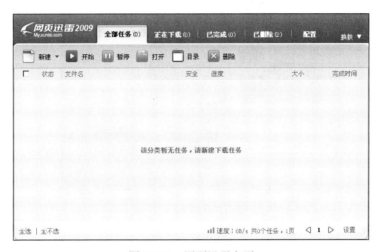

图 3.5.12 网页迅雷主页

图 3.5.13 网页迅雷配置面板

（5）用网页迅雷下载电影"海洋天堂"。打开狗狗搜索 http://www.gougou.com/，输入"海洋天堂"，搜索电影并下载，如图 3.5.14 所示。

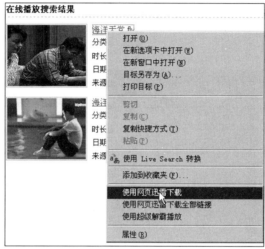

图 3.5.14　使用网页迅雷下载电影

小贴士

出于版权保护，下载操作过程中会弹出注册、付费的提示，请按规定进行操作，尊重创作者的劳动。

【知识宝库】

FTP 协议：FTP（File Transfer Protocol，文件传输协议）用于 Internet 上控制文件的双向传输。同时，它也是一个应用程序（Application）。用户可以通过它将 PC 与世界各地所有运行 FTP 协议的服务器相连，访问服务器上的大量信息。FTP 的主要作用就是让用户连接到一个远程计算机（这些计算机上运行着 FTP 服务器程序），查看远程计算机有哪些文件，然后把文件从远程计算机上复制到本地计算机（下载），或把本地计算机的文件送到远程计算机中（上传）。

FTP 服务器地址以 ftp 开头，例如 ftp://xxx.xxx.xxx。使用 FTP 时必须首先登录，在远程主机上获得相应的权限以后，才可下载或上传文件。也就是说，要想同哪一台计算机传送文件，就必须具有那一台计算机的适当授权。

匿名 FTP 是这样一种机制:用户可通过它连接到远程主机上,并从其下载文件,而无须成为其注册用户。系统管理员建立了一个特殊的用户 ID,名为 Anonymous,Internet 上的任何人在任何地方都可使用该用户 ID。

通过 FTP 程序连接匿名 FTP 主机的方式同连接普通 FTP 主机的方式差不多,只是在要求提供用户标识 ID 时必须输入 Anonymous,该用户 ID 的口令可以是任意的字符串。习惯上,用自己的 E-mail 地址作为口令,使系统维护程序能够记录谁在存取这些文件。匿名 FTP 不适用于所有 Internet 主机,它只适用于那些提供了这项服务的主机。

【疑难解答】

自动用 Windows 资源管理器打开 FTP。

你可以通过以下设置来解决:单击 IE 主窗口中的"工具→ Internet 选项"命令,在打开的窗口中选择"高级"选项卡,然后在"设置"列表中勾选"为 FTP 站点启用文件夹视图"复选框,最后单击"应用→确定"命令即可。

打开 FTP 的时候不要在 IE 浏览器中打开,要在普通窗口中打开,比如你打开"我的电脑",在地址栏里输入 FTP 的地址就可以了。

【体验活动】

本活动操作过程最好在两台计算机上进行,可由多个同学合作完成。

(1)用 20CN 迷你 FTP 服务器软件在计算机 A 上架设 FTP 服务,并作如下配置:

账户名称:student。

账户密码:123456。

FTP 服务器文件位置:D:\FTPDIR。

账户权限为:允许上传、下载,不允许删除、更名。设置完毕后启动 FTP 服务,向同组学伴通报 FTP 访问地址。

(2)访问 FTP 服务。在计算机 B 上访问 A 的 FTP 服务,并通过 FTP 上传文件、下载文件。然后在计算机 A 上打开 D:\FTPDIR,直接操作该文件夹下的文件。

任务 3.6 网络存储易实现

【任务说明】

将数据存储在网络上,随时随地方便存取,还能与本地内容便捷同步。目前有许多网络硬盘产品,免费,超大容量。如金山公司推出的网络快盘(K 盘)就是其中的代表之一。本任务通过 K 盘的使用来介绍网络存储的方便快捷。

【任务目标】

(1)学会网络快盘的注册、登录,会通过网络访问自己的网络快盘。了解网络硬盘的基本概念。

(2)学会在网页快盘中管理文件夹、文件,并会上传、下载文件。

(3)学会用快盘实现文件共享,进行共享设置。

【实施步骤】

第 1 步:注册 K 盘账号。打开金山快盘登录页面 http://k.wps.cn,单击右上方的图标"注册",打开注册页面和注册向导,注册分三步。以小梅为例,输入有关信息,如图 3.6.1～图 3.6.3 中标注的 1 ～ 5 步操作所示。

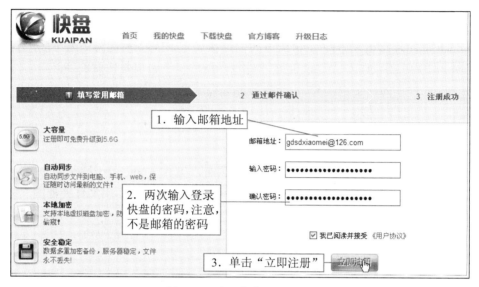

图 3.6.1　注册快盘账号（一）

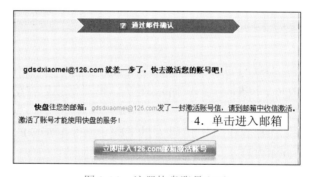

图 3.6.2　注册快盘账号（二）

图 3.6.3　注册快盘账号（三）

　　第 2 步：登录网页快盘。打开快盘主页 http://k.wps.cn/，单击图标"登录"，如图 3.6.4 所示，输入注册时提供的账号（邮箱地址）和密码，即可登录到"我的快盘"，如图 3.6.5 所示。

图 3.6.4 登录网页版快盘

图 3.6.5 网页快盘界面

第 3 步：在网页快盘上新建文件夹"电脑技巧"。如图 3.6.6 中标注的 1 ～ 3 步操作所示。

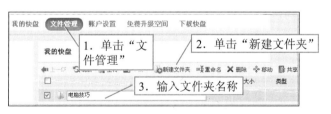

图 3.6.6 在网页快盘上新建文件夹

按照类似操作，可以建立存放资料的多个文件夹，如"至爱音乐"、"数码照片"、"学习资料"等。

小提示

网页快盘中的文件管理还提供了方便的文件、文件夹管理功能，如重命名、删除、移动等，基本上可做到像操作本地计算机一样方便、自如。要注意文件夹、文件名前的勾选符号，表示选中与否，操作只对选中的对象进行的。要进入某文件夹，单击该文件夹名即可。

第 4 步：上传文件到网页快盘"至爱音乐"中。单击新建的文件夹名"至爱音乐"，进入该文件夹，再单击"上传"，之后在弹出的对话框中单击"添加文件"，选中要目标文件上传。如图 3.6.7～图 3.6.9 中标注的 1～4 步操作所示。

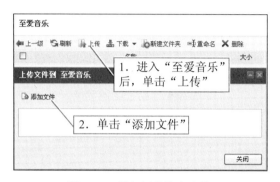

图 3.6.7 进入目录准备上传

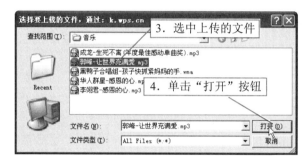

图 3.6.8 选中目标文件

图 3.6.9 正在上传文件

上传完毕后，单击网页右上角的关闭按钮，即退出网页快盘。

第 5 步：向好友发出"我的邀请"，增加积分，扩充网盘容量。如图 3.6.10 中标注的 1～4 步操作所示。通过 QQ、邮件、POPO 等任何方式将复制的内容发送给好友，邀请好友注册 K 盘。

第 6 步：在异地获取网页快盘上的文件。在浏览器中打开网页快盘主页 http://k.wps.cn，输入账号、密码后进入网页快盘，选中要下载的文件（郭峰－让世界充满爱 .mp3）进行下载，如图 3.6.11 中标注的 1～4 步操作所示。

图 3.6.10 邀请朋友使用 K 盘

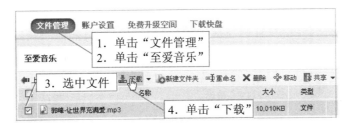

图 3.6.11 下载网页快盘上的文件

第 7 步：与朋友共享文件。如图 3.6.12 中标注的 1～5 步操作所示。

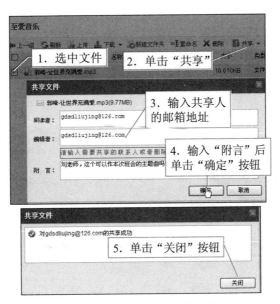

图 3.6.12 邀请好友分享文件

小贴士

（1）要共享成功，提供的邮件地址必须是注册过快盘的账号。

（2）阅读者可打开、下载共享文件，编辑者可对共享文件进行一定的编辑。快盘提供了一个漂亮的在线编辑器，可对文本、DOC 文档进行编辑。

第 8 步：使用地机存取文件。

① 下载网盘客户端。单击"我的快盘"，回到快盘首页，下载"金山快盘"。如图 3.6.13 中 1 ～ 3 步操作所示。

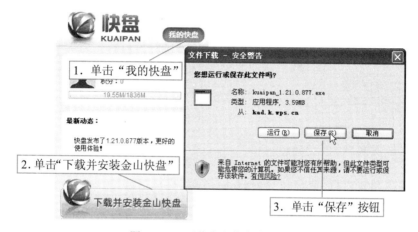

图 3.6.13　下载金山快盘客户端

② 运行安装程序。双击运行下载的 kuaipan_1.21.0.877.exe，进入安装向导，如图 3.6.14 ～ 图 3.6.16 所示。

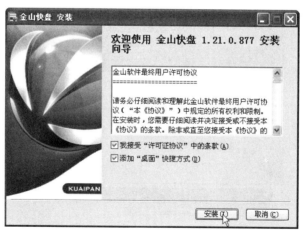

图 3.6.14　安装金山快盘

③ 本地登录金山快盘。单击桌面快捷键"金山快盘"，在本地登录，登录成功后，单击任务栏中的图标，可看到保存在本地的快盘内容，它是网页快盘的备份。如图 3.6.17 ～图 3.6.18 所示。

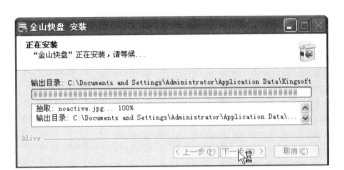

图 3.6.15　正在安装

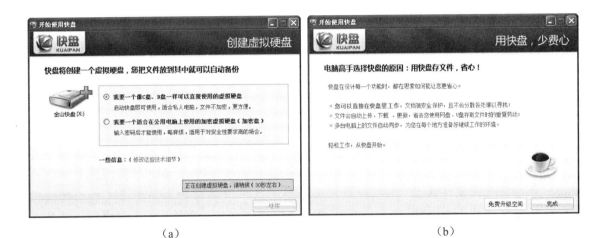

(a)　　　　　　　　　　　　　　　　　　(b)

图 3.6.16　创建虚拟硬盘

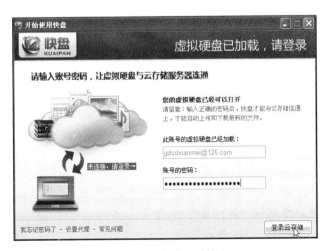

图 3.6.17　本地登录快盘

图 3.6.18　本地的虚拟盘

④　本地存取快盘文件。X 盘是网络快盘,对它的文件、文件夹操作与对其他盘的操作相同。如,在 C 盘中找一个文件复制,打开 X 盘中的任一个文件夹进行粘贴,即完成了文件的保存。

小贴士

（1）网络快盘通过本地的虚拟硬盘(如 X:)来保存服务器上快盘的内容,虚拟硬盘是利用本地机的磁盘空间而创建逻辑硬盘,默认盘符为 X:。它能实现与网络服务器上的内容同步更新,使网络快盘、本地快盘内容保持一致。新版的金山快盘还支持选择性同步,即对指定一些文件同步,以加快同步速度。虚拟硬盘可以删除,并不影响网络快盘上的内容。

（2）操作系统中对文件、文件夹的操作都适用于虚拟硬盘 X:,如对文件、文件夹的复制、移动、删除、修改、更名,以及对文件、文件夹的拖曳操作等都与其他盘符的操作相同。一旦改变本地快盘的内容,系统会自动与该账号的网络快盘同步更新。

第 9 步:管理本地快盘。

（1）设置开机后自动启动快盘。右击任务栏中的快盘图标,单击"设置",弹出"设置"对话框,单击"常规"选项卡,勾选"开机后自动启动快盘"复选框,如图 3.6.19 所示。

（2）设置服务器、快盘自动同步更新。单击图 3.6.19 中的"同步"选项卡,勾选"服务器或快盘内有文件更新时自动同步"复选框。

（3）删除虚拟硬盘。单击图 3.6.19 中"虚拟硬盘"选项卡,可完成虚拟硬盘的删除。如图 3.6.20 中标注的 1～4 步操作所示。

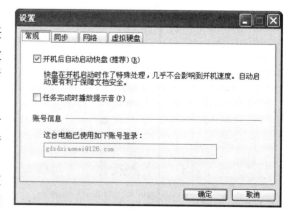

图 3.6.19　设置开机后自动启动快盘

图 3.6.20 删除虚拟硬盘

📧 小贴士

删除虚拟硬盘,只删除了本地金山快盘上保存的数据,并没有删除网络服务器快盘上的数据。因此,还可以在下次本地登录快盘时创建。不过,如果网络快盘上的内容多,再次创建虚拟硬盘时会花费较多的时间与网络上的数据进行同步。

至此,本任务操作全部完成。

【疑难解答】

网络快盘与本地虚拟盘各有何优势?为什么还用两种方式?内容有何不同?

网络快盘可以通过浏览器对快盘上的文件进行存取,方便在其他电脑上使用快盘上的资料,不需要安装客户端。本地快盘对文件直接进行存取,方便在固定计算机上使用快盘资料,需要安装金山快盘客户端程序。两种方式适用不同的需求,都为用户带来极大的方便。

【体验活动】

请独立完成下列操作,进一步熟悉网络快盘的使用。

(1)请注册一个网络快盘账号,如果已经注册,可忽略本步。

(2)以网页方式登录"我的快盘",并创建以下文件夹结构,如图 3.6.21 所示。

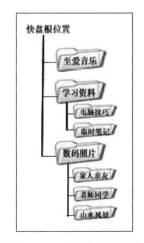

图 3.6.21 快盘文件夹结构

（3）将一些图片上传到网络快盘中的"数码照片"的某文件夹中保存，并指定一些文件与好友的共享。

（4）下载网络快盘客户端，安装，建立虚拟硬盘，实现与网页快盘的同步。

（5）在本地金山快盘 X:中，进行文件的复制、删除、重命名、移动等操作，再登录网页快盘，查看自动同步的效果。

单元 4

掌握文字处理

——Word 2007 的使用

【情景故事】

　　小梅应聘了一个文案助理职务，每天都要使用 Word 2007 进行文案编辑，小梅很担心自己对 Word 2007 的知识学得不够全面，上班会遇到操作问题。

　　为了顺利做好文案助理的工作，小梅觉得很有必要再全面学习一遍 Word 2007。

【单元说明】

　　本单元学习 Word 2007 使用的基本技能，主要包括文档基本操作、文档的格式设置、分隔符与页码、页眉页脚、页面设置、样式的使用、项目符号、批注与修订、表格操作、文本框和图文表混合排版等操作。

【技能目标】

（1）学会在 Word 2007 进行文案编辑工作。

（2）掌握图文处理、表格制作、图文表混排等基本操作。

（3）掌握页面布局、引用脚注、邮件合并、审阅文档等基本操作。

任务 4.1　初拟我的自荐书

【任务说明】

　　本任务完成自荐书的文档内容，学习使用 Word 2007 进行文案录入、基本格式设置、文档保存等操作。

【任务目标】

（1）录入自荐书文字。

（2）按要求设置格式。

（3）正确保存文档。

【实施步骤】

　　第 1 步：启动 Word 2007，进入 Word 编辑界面，如图 4.1.1 所示。

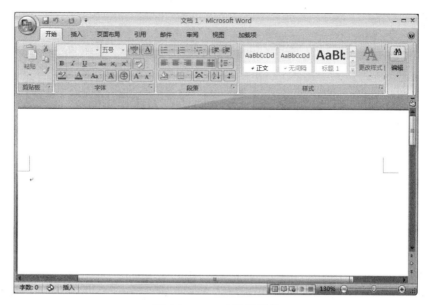

图 4.1.1　Word 编辑界面

第 2 步：进入 Word 2007 编辑界面后，输入自荐书内容，并按以下要求设置内容的格式，如图 4.1.2 所示。

（1）标题段"自荐书"，设置为三号、宋体、居中。

（2）第二段设置为小四号、宋体、左对齐。

（3）内容共六段，设置为小四号、宋体、左对齐，段落首行缩进 2 个字符。

（4）"此致"段落设置为小四号、宋体、左对齐，段落首行缩进 2 个字符。

（5）"敬礼"段落设置为小四号、宋体、左对齐。

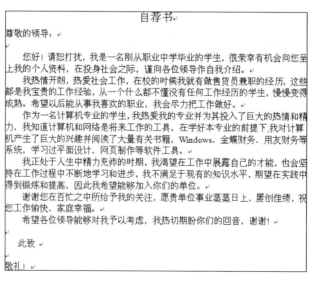

图 4.1.2　自荐书

　　第 3 步：操作完成后，单击 Office 按钮，执行"另存为"命令，输入文件名，完成文档的保存，如图 4.1.3～图 4.1.5 所示。

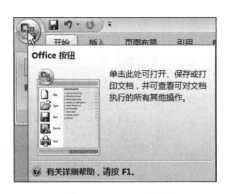

图 4.1.3　Office 按钮

图 4.1.4　执行"另存为"命令

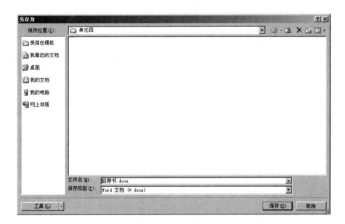

图 4.1.5　输入文件名

小贴士

（1）选择被编辑的内容时，可以采用鼠标圈选，被选中的内容会反显，如图 4.1.6 所示。

（2）选择内容行，打开"字体"列表框可进行字体设置，如图 4.1.7 所示。

图 4.1.6　圈选文本　　　　　　　　　　图 4.1.7　字体设置

（3）选择内容行，打开"字号"列表框可进行字号设置，如图 4.1.8 所示。

（4）单击文本对齐按钮，可以把段落设置为左对齐、居中对齐、右对齐、两端对齐、分散对齐等，如图 4.1.9 所示。

图 4.1.8　字号设置

图 4.1.9　对齐方式

（5）在段落文本上右击，选择"段落"命令，可以进行段落格式设置，如图 4.1.10 所示。

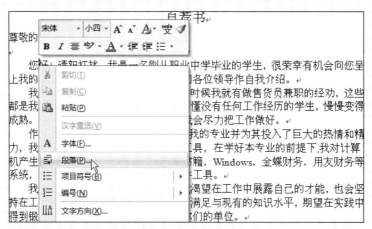
图 4.1.10　段落格式设置

（6）在"段落"对话框中，特殊格式选择"首行缩进"，磅值设为 2 字符，可以实现段落首行缩进的格式设置，如图 4.1.11 所示。

图 4.1.11　首行缩进

【体验活动】

参照本任务样式，帮小梅录入一份自荐信，如图 4.1.12 所示。

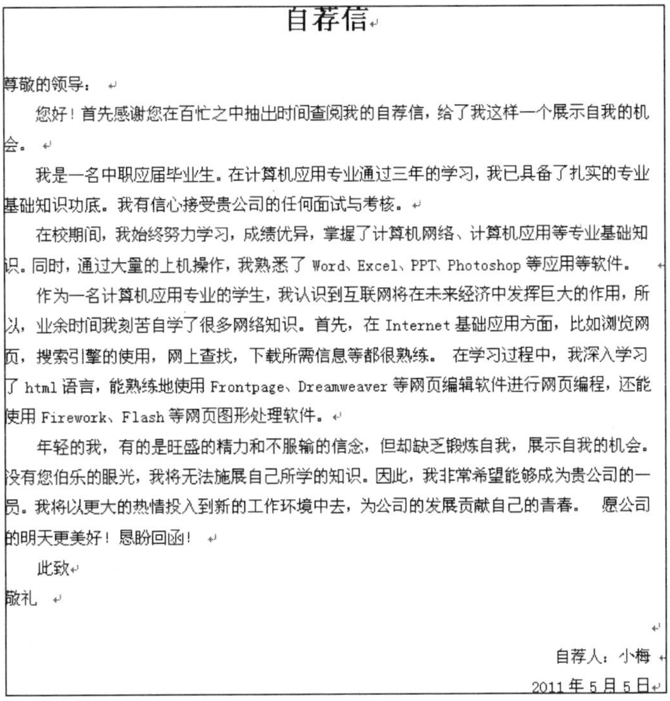

自荐信

尊敬的领导：

您好！首先感谢您在百忙之中抽出时间查阅我的自荐信，给了我这样一个展示自我的机会。

我是一名中职应届毕业生。在计算机应用专业通过三年的学习，我已具备了扎实的专业基础知识功底。我有信心接受贵公司的任何面试与考核。

在校期间，我始终努力学习，成绩优异，掌握了计算机网络、计算机应用等专业基础知识。同时，通过大量的上机操作，我熟悉了 Word、Excel、PPT、Photoshop 等应用等软件。

作为一名计算机应用专业的学生，我认识到互联网将在未来经济中发挥巨大的作用，所以，业余时间我刻苦自学了很多网络知识。首先，在 Internet 基础应用方面，比如浏览网页，搜索引擎的使用，网上查找，下载所需信息等都很熟练。 在学习过程中，我深入学习了 html 语言，能熟练地使用 Frontpage、Dreamweaver 等网页编辑软件进行网页编程，还能使用 Firework、Flash 等网页图形处理软件。

年轻的我，有的是旺盛的精力和不服输的信念，但却缺乏锻炼自我，展示自我的机会。没有您伯乐的眼光，我将无法施展自己所学的知识。因此，我非常希望能够成为贵公司的一员。我将以更大的热情投入到新的工作环境中去，为公司的发展贡献自己的青春。 愿公司的明天更美好！恳盼回函！

此致

敬礼

自荐人：小梅

2011 年 5 月 5 日

图 4.1.12　录入一份自荐信

任务 4.2　赏心悦目求职信

【任务说明】

本任务完成求职信的文档内容，并设计求职信的封面，学习 Word 2007 进行文案编辑，封面设置、文档格式设置等操作。

【任务目标】

（1）录入求职信文字。

（2）按要求设置格式。

（3）学会设计个性化求职信封面。

（4）掌握正确保存文档的操作。

【实施步骤】

第 1 步：启动 Word 2007，输入求职信内容，并按以下操作要求设置内容的格式，排版效果如图 4.2.1 所示。

（1）全文设置为宋体、小四号。

（2）第 2 ～ 9 段的段落首行缩进 2 个字符。

（3）最后两行段落设置为右对齐，其余各段落设置为左对齐。

第 2 步：单击"插入→封面"命令，选择堆积型封面，如图 4.2.2 所示。

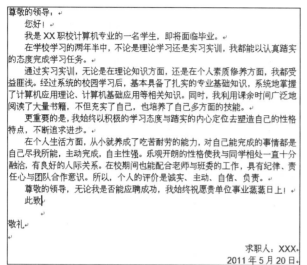

图 4.2.1　输入求职信内容

图 4.2.2　堆积型封面

第 3 步：填写求职信的封面内容，如图 4.2.3 所示。

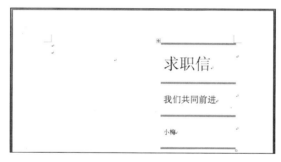

图 4.2.3　填写求职信的封面内容

第 4 步：单击 Office 按钮，单击"打印→打印预览"命令，如图 4.2.4 所示。

第 5 步：选择"双页"显示方式，观看预览效果，如图 4.2.5、图 4.2.6 所示。

图 4.2.4　打印预览

图 4.2.5　"双页"显示方式

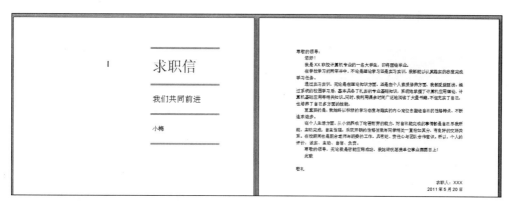

图 4.2.6　预览效果

【体验活动】

使用 Word 2007 的插入封面功能，为你的毕业自荐信设置一张个性封面。

任务 4.3　设置艺术字与页码

【任务说明】

本任务完成插入艺术字标题、设置艺术字格式以及插入页码等操作。

【任务目标】

（1）学会插入艺术字。

（2）学会设置艺术字格式。

（3）学会为文档添加页码。

【实施步骤】

第 1 步：启动 Word 2007，打开素材"Microsoft Office 2007 与 WPS Office 2010.docx"，并选择标题文字，如图 4.3.1 所示。

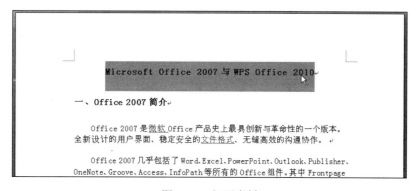

图 4.3.1　打开素材

第 2 步：单击"艺术字"，选择艺术字样式 13，如图 4.3.2 所示。

第 3 步：在"编辑艺术字文字"对话框中设置艺术字内容和格式，操作完成后，单击"确定"按钮，如图 4.3.3 所示。

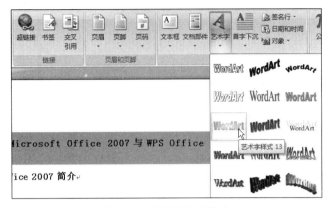

图 4.3.2 选择艺术字样式 13

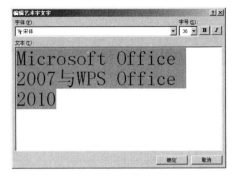

图 4.3.3 编辑艺术字文字

第 4 步：插入艺术字的效果如图 4.3.4 所示。

图 4.3.4 艺术字的效果

第 5 步：单击艺术字，在阴影效果下选择一种投影效果，如图 4.3.5 所示。

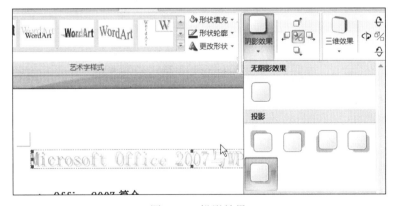

图 4.3.5 投影效果

第 6 步：单击"插入→页码"命令，在"页面顶端"中选择"普通数字 1"页码格式，如图 4.3.6 所示。

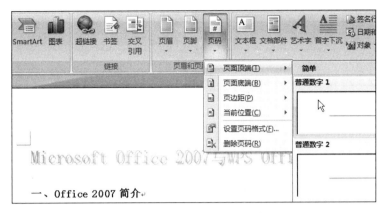

图 4.3.6 "普通数字 1"页码格式

第 7 步：当前文档添加了页码的效果，如图 4.3.7 所示。

图 4.3.7 页码的效果

小贴士

如图 4.3.8 所示，右击艺术字，不仅可以对艺术字进行剪切、复制等操作，也可以重新编辑艺术字的内容，还可以更改艺术字的叠放次序。

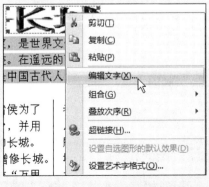

图 4.3.8 艺术字快捷菜单

【体验活动】

打开素材“计算机应用领域 .docx”，参照以下样式进行排版，如图 4.3.9 所示。

（1）标题设置为艺术字。

（2）正文标题段落设置字体背景色。

（3）正文其他段落首行缩进 2 字符。

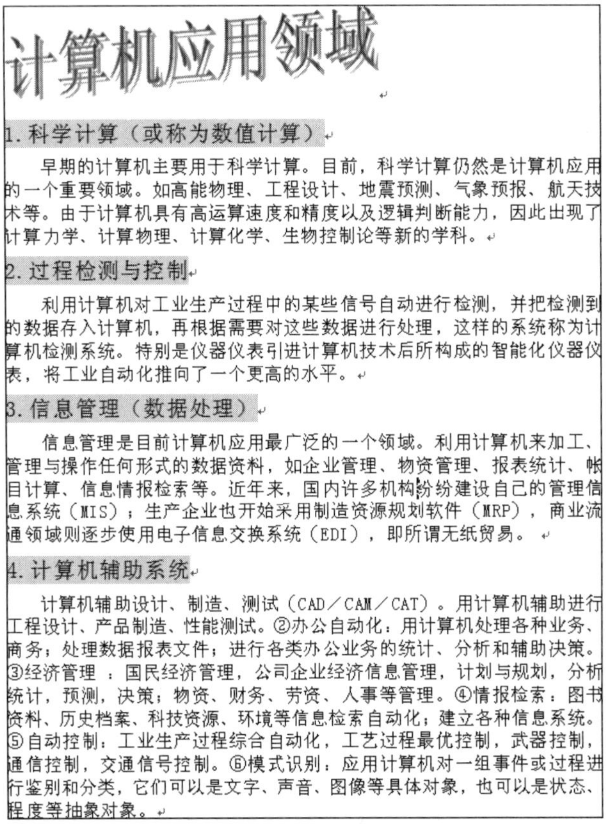

计算机应用领域

1. 科学计算（或称为数值计算）

早期的计算机主要用于科学计算。目前，科学计算仍然是计算机应用的一个重要领域。如高能物理、工程设计、地震预测、气象预报、航天技术等。由于计算机具有高运算速度和精度以及逻辑判断能力，因此出现了计算力学、计算物理、计算化学、生物控制论等新的学科。

2. 过程检测与控制

利用计算机对工业生产过程中的某些信号自动进行检测，并把检测到的数据存入计算机，再根据需要对这些数据进行处理，这样的系统称为计算机检测系统。特别是仪器仪表引进计算机技术后所构成的智能化仪器仪表，将工业自动化推向了一个更高的水平。

3. 信息管理（数据处理）

信息管理是目前计算机应用最广泛的一个领域。利用计算机来加工、管理与操作任何形式的数据资料，如企业管理、物资管理、报表统计、帐目计算、信息情报检索等。近年来，国内许多机构纷纷建设自己的管理信息系统（MIS）；生产企业也开始采用制造资源规划软件（MRP），商业流通领域则逐步使用电子信息交换系统（EDI），即所谓无纸贸易。

4. 计算机辅助系统

计算机辅助设计、制造、测试（CAD／CAM／CAT）。用计算机辅助进行工程设计、产品制造、性能测试。②办公自动化：用计算机处理各种业务、商务；处理数据报表文件；进行各类办公业务的统计、分析和辅助决策。③经济管理 ：国民经济管理，公司企业经济信息管理，计划与规划，分析统计，预测，决策；物资、财务、劳资、人事等管理。④情报检索：图书资料、历史档案、科技资源、环境等信息检索自动化；建立各种信息系统。⑤自动控制：工业生产过程综合自动化，工艺过程最优控制，武器控制，通信控制，交通信号控制。⑥模式识别：应用计算机对一组事件或过程进行鉴别和分类，它们可以是文字、声音、图像等具体对象，也可以是状态、程度等抽象对象。

图 4.3.9 计算机应用领域

任务 4.4 设置页眉页脚

【任务说明】

本任务要求完成文档的页眉、页脚的设置，完成首字下沉的设置要求。

【任务目标】

（1）学会插入页眉与页脚。

（2）学会设置首字下沉格式。

【实施步骤】

第 1 步：启动 Word 2007，打开素材“名人小故事 .docx”，单击“插入→页眉”命令，选择一种页眉格式，如图 4.4.1 所示。

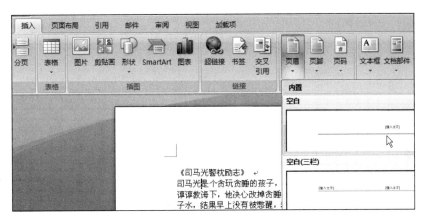

图 4.4.1 选择页眉格式

第 2 步：输入页眉内容"名人小故事"，如图 4.4.2 所示。

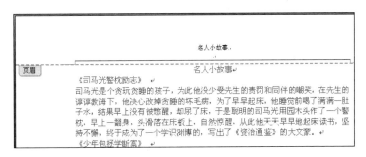

图 4.4.2 输入页眉

第 3 步：单击"插入→页脚"命令，选择一种页脚格式，输入页脚内容"名人小故事二则"，如图 4.4.3、图 4.4.4 所示。

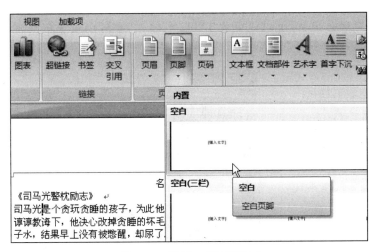

图 4.4.3 选择一种页脚格式

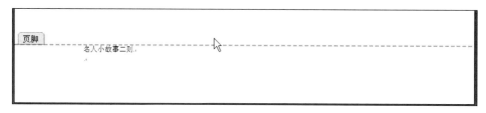

图 4.4.4 输入页脚内容"名人小故事二则"

第 4 步：单击第一个故事正文，单击"插入→首字下沉"命令，选择一种下沉格式，如图 4.4.5 所示。

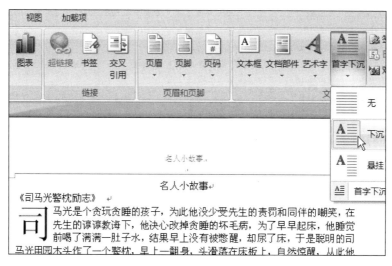

图 4.4.5 首字下沉

 小贴士

在"首字下沉"对话框中，可以设置首字下沉的字体，也可以设置下沉的行数和距正文的值，如图 4.4.6 所示。

图 4.4.6 "首字下沉"对话框

第 5 步：单击第二个故事正文，单击"插入→首字下沉"命令，选择一种下沉格式，如图 4.4.7 所示。

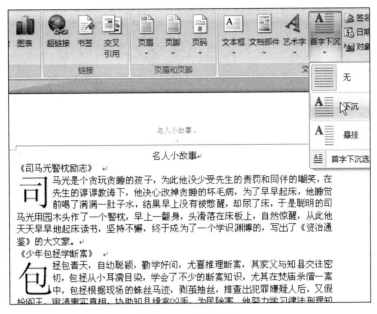

图 4.4.7 　首字下沉

第 6 步：保存当前文档，完成操作。

【体验活动】

打开素材"长城 .docx"，参照以下样式进行排版，如图 4.4.8 所示。

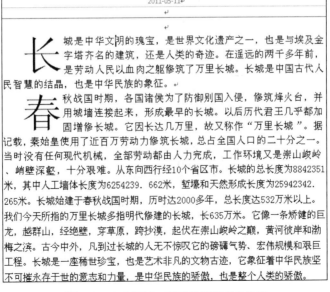

图 4.4.8 　"长城 _ 页眉排版效果"文档

（1）设置页眉。

（2）正文段落设置首字下沉。

（3）完成后，以"长城_页眉排版效果.docx"文件名保存。

任务 4.5　文档风格与文本框应用

【任务说明】

本任务要求完成文档的样式设置，并完成在文档中添加文本框，在文本框中输入文字，设置文本框的格式。

【任务目标】

（1）学会样式设置。

（2）学会添加文本框。

（3）掌握在文本框中输入文字的操作方法。

（4）设置文本框的格式。

【实施步骤】

第1步：启动 Word 2007，打开素材"唐诗.docx"，如图4.5.1所示。

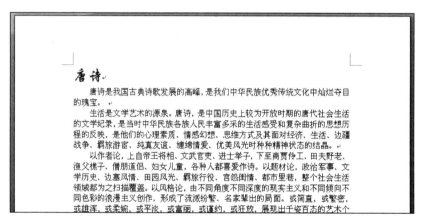

图 4.5.1　唐诗

第2步：单击"开始→更改样式"命令，并选择典雅样式，如图4.5.2所示。

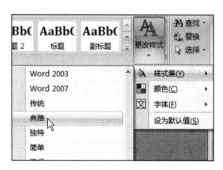

图 4.5.2　选择典雅样式

小贴士

如果在模板中可选的快速样式都不适合排版的需求，可以重设快速样式，如图 4.5.3 所示。

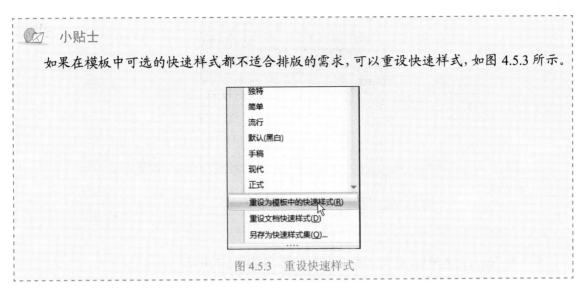

图 4.5.3　重设快速样式

第 3 步：选择典雅样式的效果如图 4.5.4 所示。

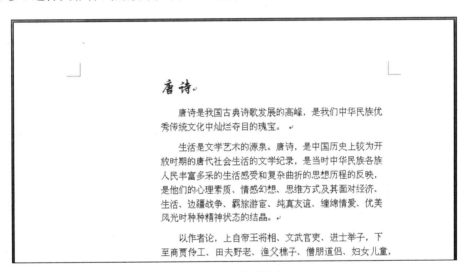

图 4.5.4　典雅样式

第 4 步：单击"插入→文本框"命令，选择简单文本框，如图 4.5.5、图 4.5.6 所示。

图 4.5.5　文本框命令

图 4.5.6 选择简单文本框

第 5 步：插入文本框后，在文本框中输入文本，如图 4.5.7 所示。

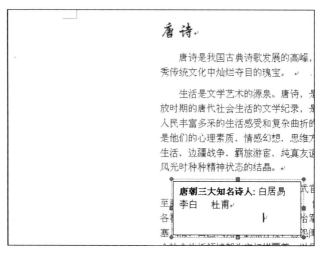

图 4.5.7 在文本框中输入文本

第 6 步：右击文本框边框，选择"设置文本框格式"命令，如图 4.5.8 所示。

图 4.5.8 设置文本框格式

第 7 步：在"设置文本框格式"对话框中，选择"四周型"环绕方式，如图 4.5.9 所示。

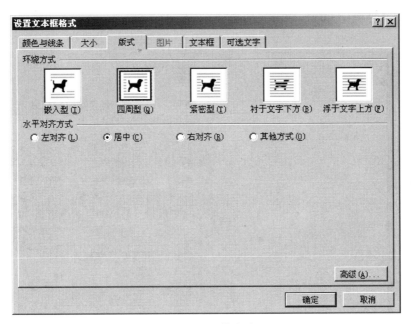

图 4.5.9 环绕方式

小贴士

如果不需要文本框的填充颜色和线条颜色，可以把填充颜色设置为无颜色，也可以把线条颜色设置为无颜色，如图 4.5.10 所示。

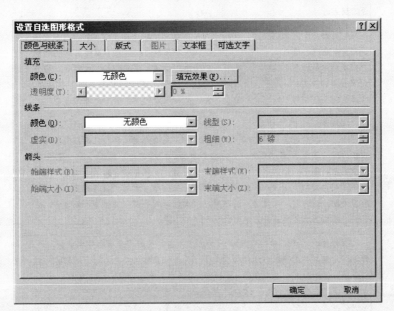

图 4.5.10 把填充颜色和线条颜色设置为无颜色

第 8 步：更改设置文本框环绕方式的效果，如图 4.5.11 所示。

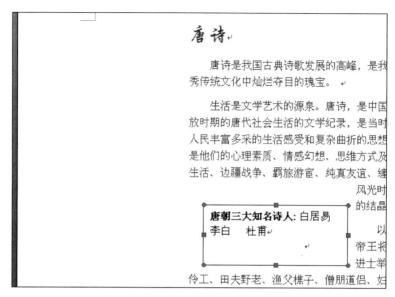

图 4.5.11　设置文本框环绕方式

【体验活动】

打开素材"唐诗 .docx"，参照样式进行排版，如图 4.5.12 所示。

图 4.5.12　"唐诗 _ 流行样式效果"文档

（1）正文设置为“流行”样式。

（2）添加一个“大括号形引述 2”文本框。

（3）完成后，以“唐诗 _ 流行样式效果 .docx”文件名保存。

任务 4.6 各式各样编公式

【任务说明】

本任务要求完成数据公式插入、编辑等操作。

【任务目标】

（1）学会插入公式。

（2）学会公式的编辑。

（3）完成带公式的文档录入工作，公式效果如图 4.6.1 所示。

【实施步骤】

第 1 步：启动 Word 2007，新建文档，输入内容，如图 4.6.2 所示。

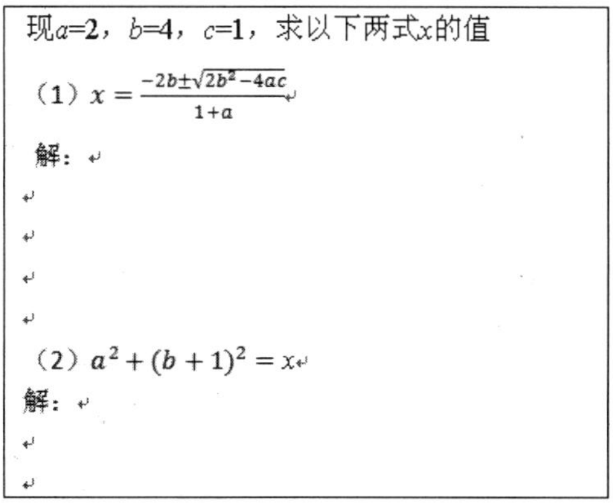

现a=2，b=4，c=1，求以下两式x的值
（1）$x=\frac{-2b\pm\sqrt{2b^2-4ac}}{1+a}$
解：
（2）$a^2+(b+1)^2=x$
解：

图 4.6.1 公式效果

现a=2，b=4，c=1，求以下两式x的值
（1）

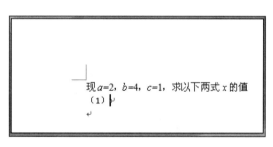

图 4.6.2 输入内容

第 2 步：光标位在“（1）”后，执行“插入→公式”命令，如图 4.6.3 所示。

第 3 步：选择二次公式，如图 4.6.4 所示。

公式
符号
编号
符号
公式 (Alt+=)
插入常见的数学公式，或者使用数学符号库构造自己的公式。
有关详细帮助，请按 F1。

图 4.6.3 公式命令

签名行
日期和时间
对象
公式
符号
编号
符号
内置
二次公式
$x=\frac{-b\pm\sqrt{b^2-4ac}}{2a}$

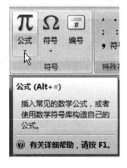

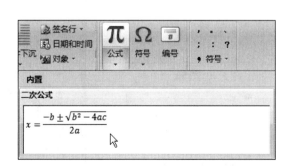

图 4.6.4 二次公式

第 4 步：继续编辑公式内的文本，如图 4.6.5 所示。

第 5 步：完成公式编辑的效果，如图 4.6.6 所示。

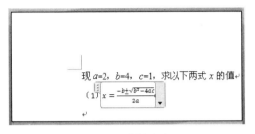

图 4.6.5 编辑公式

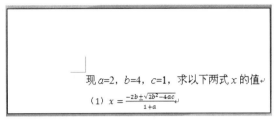

图 4.6.6 完成公式

第 6 步：继续录入文档内容，准备插入"公式（2）"，如图 4.6.7 所示。

第 7 步：单击"插入→公式"命令，选择勾股定理公式，如图 4.6.8 所示。

第 8 步：对插入到文档中的公式进行编辑，并完成文档所有内容的录入和排版，如图 4.6.9 所示。

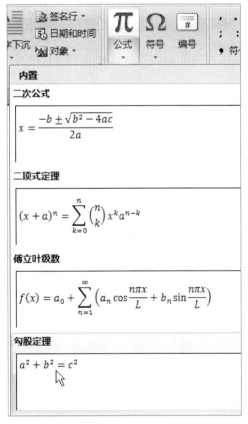

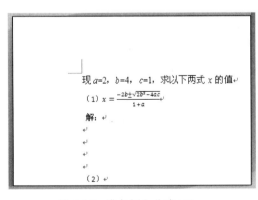

图 4.6.7 准备插入公式（2）

图 4.6.8 勾股定理公式

现 $a=2$，$b=4$，$c=1$，求以下两式 x 的值

（1）$x = \dfrac{-2b \pm \sqrt{2b^2 - 4ac}}{1 + a}$

解：

（2）$a^2 + (b+1)^2 = x$

解：

图 4.6.9 公式进行编辑

小贴士

（1）在文档编辑过程中，不仅在文档中需要插入公式，有时还需要插入一些符号，如图 4.6.10 所示。

（2）在文档编辑过程中，有时需要插入一些编号，如图 4.6.11 所示。

（3）在文档编辑过程中，有时需要特殊符号，如图 4.6.12 所示。

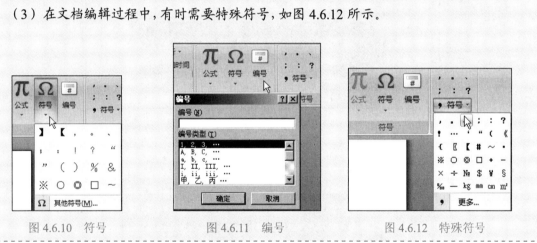

图 4.6.10 符号 　　　　图 4.6.11 编号 　　　　图 4.6.12 特殊符号

【体验活动】

新建文档，完成图 4.6.13 ～图 4.6.15 所示公式的录入。

$$(1+x)^n = 1 + \frac{nx}{1!} + \frac{n(n-1)x^2}{2!} + \frac{n(n-1)x^2}{3!} + \frac{n(n-1)x^2}{4!} \cdots$$

图 4.6.13 公式 1

$$1 + \frac{x}{1} + \frac{x^2}{2} + \frac{x^3}{3} = 9$$

图 4.6.14 公式 2

$$(x+5)^n = \sum_{k=0}^{n} \binom{n}{k} x^k 5^{n-k}$$

图 4.6.15 公式 3

任务 4.7　文档分栏、项目符号与水印

【任务说明】

本任务要求完成文档的段落分栏设置，并完成项目符号的设置要求。

【任务目标】

（1）学会段落分栏设置。

（2）学会项目符号的设置。

【实施步骤】

第 1 步：启动 Word 2007，打开素材"公司简介 .docx"，并选择文档中的第 3、4 段，如图 4.7.1 所示。

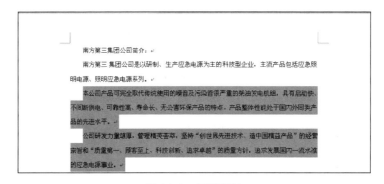

图 4.7.1　打开素材

第 2 步：单击"页面布局→分栏"命令，如图 4.7.2 所示。

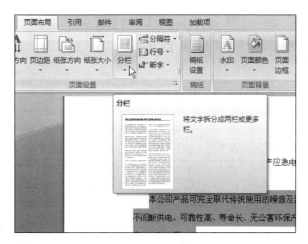

图 4.7.2　分栏

第 3 步：选择"两栏"，如图 4.7.3 所示。

图 4.7.3　选择"两栏"

第 4 步：文档中的第 3、4 段被分成两栏的效果，如图 4.7.4 所示。

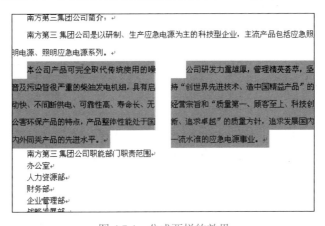

图 4.7.4　分成两栏的效果

第 5 步：选择文档中的部门信息段并右击，在项目符号库中选择一个合适的符号，如图 4.7.5 所示。

图 4.7.5　项目符号库

小贴士

在文档编辑过程中，若项目符号不适合，可以从编号库中设置编号，如图 4.7.6 所示。

图 4.7.6　设置编号

第 6 步：部门信息段设置了项目符号的效果，如图 4.7.7 所示。

第 7 步：单击"页面布局→水印"命令，选择"严禁复制 2" 水印，如图 4.7.8 所示。

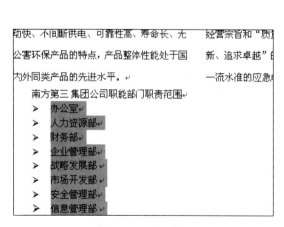

图 4.7.7　项目符号

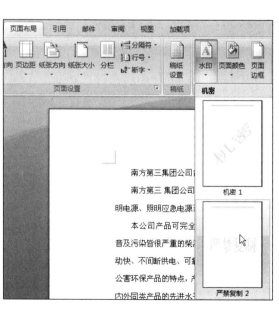

图 4.7.8　水印命令

第 8 步：设置了严禁复制 水印的效果，如图 4.7.9 所示。

内外同类产品的先进水平。 一流水准的应急电源事业。

南方第三集团公司职能部门职责范围

- 办公室
- 人力资源部
- 财务部
- 企业管理部
- 战略发展部
- 市场开发部
- 安全管理部
- 信息管理部

严禁复制

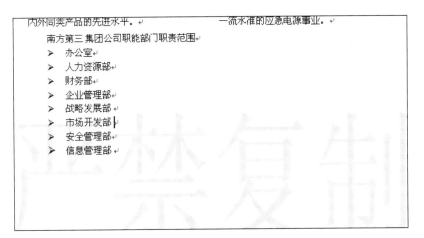

图 4.7.9 水印的效果

【体验活动】

打开素材“长城 .docx”，参照以下样式进行排版，如图 4.7.10 所示。

（1） 标题设置为艺术字。

（2） 正文第一段字体添加背景颜色。

（3） 正文第二段分两栏，加栏间分隔线。

（4） 完成后，保存为“长城 - 分栏排版效果 .docx”。

长城

长城是中华文明的瑰宝，是世界文化遗产之一，也是与埃及金字塔齐名的建筑，还是人类的奇迹。在遥远的两千多年前，是劳动人民以血肉之躯修筑了万里长城。长城是中国古代人民智慧的结晶，也是中华民族的象征。

春秋战国时期，各国诸侯为了防御别国入侵，修筑烽火台，并用城墙连接起来，形成最早的长城。以后历代君王几乎都加固增修长城。它因长达几万里，故又称作“万里长城”。据记载，秦始皇使用了近百万劳动力修筑长城，总占全国人口的二十分之一。当时没有任何机械，全部劳动都由人力完成，工作环境又是崇山峻岭、峭壁深壑，十分艰难。长城东起山海关，西至甘肃嘉峪关，东至鸭绿江。从东向西行经 10 个省区市。长城的总长度为 8842351 米，其中人工墙体长度为 6254239.662 米，堑壕和天然形成长度为 25942342.265 米。长城始建于春秋战国时期，历时达 2000 多年，总长度达 532 万米以上。我们今天所指的万里长城多指明代修建的长城，它西起中国西部甘肃省的嘉峪关，东到中国东北辽宁省的鸭绿江边，长 635 万米。它像一条矫健的巨龙，越群山，经绝壁，穿草原，跨沙漠，起伏在崇山峻岭之巅，黄河彼岸和渤海之滨。古今中外，凡到过长城的人无不惊叹它的磅礴气势、宏伟规模和艰巨工程。长城是一座稀世珍宝，也是艺术非凡的文物古迹，它象征着中华民族坚不可摧永存于世的意志和力量，是中华民族的骄傲，也是整个人类的骄傲。

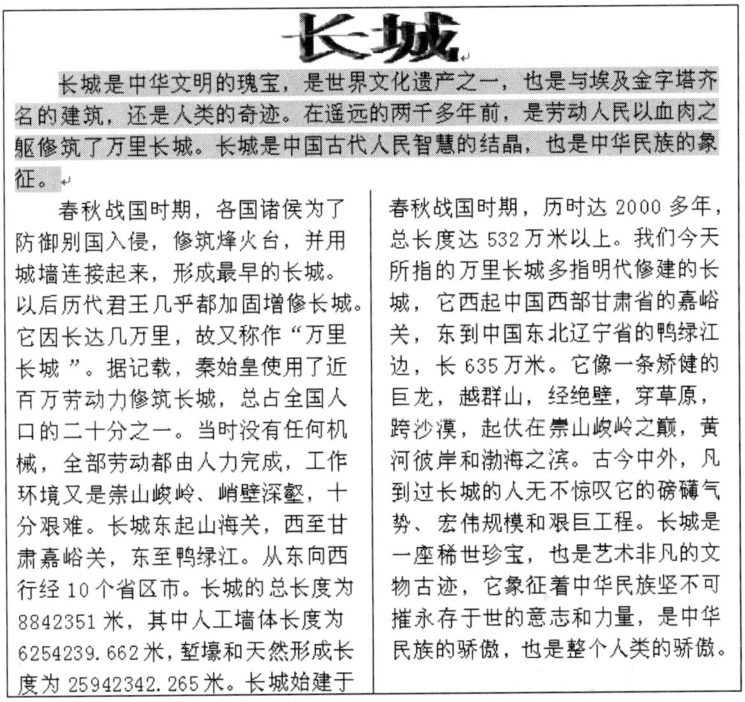

图 4.7.10 “长城 - 分栏排版效果”文档

任务 4.8　数据排列用表格

【任务说明】

本任务要求完成文档的段落分栏设置，并完成项目符号的设置要求。

【任务目标】

（1）学会段落分栏设置。

（2）学会项目符号的设置。

【实施步骤】

第 1 步：启动 Word 2007，新建文档，单击"插入→表格"命令，插入一个 3 行 4 列的表格，如图 4.8.1 所示。

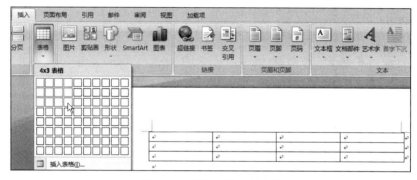

图 4.8.1　插入 3 行 4 列表格

第 2 步：输入表格内容，并选择一种表样式，如图 4.8.2 所示。

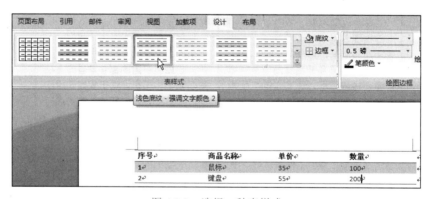

图 4.8.2　选择一种表样式

第 3 步：光标定位在表格第一单元格内的文字最左边，然后按回车键，光标会移动在表格的最上方，并可输入"商品统计表"作为表格标题，如图 4.8.3、图 4.8.4 所示。

第 4 步：将"商品统计表"居中对齐，如图 4.8.5 所示。

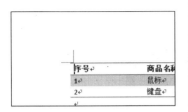

图 4.8.3　光标定位

图 4.8.4　表格标题

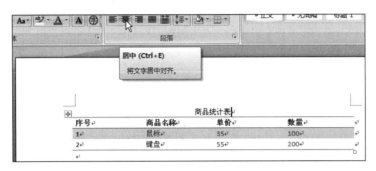

图 4.8.5　居中对齐

　　小贴士

　　（1）在表格编辑过程中，右击表格，可以进行插入列或行的操作，如图 4.8.6 所示。

　　（2）在表格编辑过程中，选定多行或多列，然后右击还可以进行合并单元格、平均分布各行、平均分布各列等操作，以及设置表格的边框和底纹，如图 4.8.7 所示。

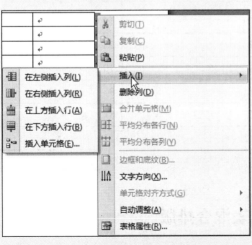

图 4.8.6　插入列或行　　　　　　　　　图 4.8.7　表格的其他设置

（3）有时需要把表格文字设置为在单元格内水平和垂直都居中的对齐方式，如图 4.8.8 所示。

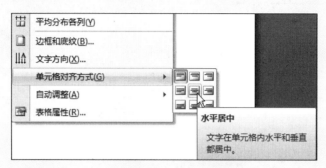

图 4.8.8　水平和垂直都居中

第 5 步：保存当前文档，完成操作。

【体验活动】

新建文档，录入校园运动员高一年级得分表，如图 4.8.9 所示。

（1）标题为"校园运动会高一年级得分表"，设置为宋体，小三号，加粗。

（2）第一列文字居中对齐。

（3）第一行文字垂直居中。

（4）奖牌数字左对齐。

校园运动会高一年级得分表

班级	金牌	银牌	铜牌
高一 1 班	8	18	7
高一 2 班	12	22	12
高一 3 班	7	10	15
高一 4 班	18	9	23
高一 5 班	22	8	10
高一 6 班	10	12	9
高一 7 班	9	7	8
高一 8 班	5	12	12

图 4.8.9　校园运动会高一年级得分表

任务 4.9　图文表混合排版

【任务说明】

本任务完成插入图片、设置图片格式，完成图文混合批版的操作。

【任务目标】

（1）插入图片。

（2）设置图片格式。

（3）摆放图片位置。

【实施步骤】

第 1 步：启动 Word 2007，打开素材"WPS Office 2010 个人版 .docx"，并单击"插入→图片"命令，如图 4.9.1 所示。

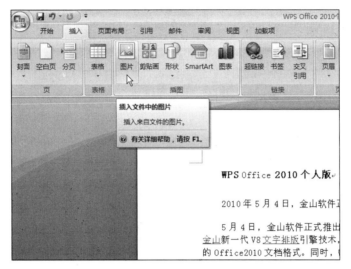

图 4.9.1　图片命令

第 2 步：从素材中选择一张图片，并单击"插入"按钮，如图 4.9.2 所示。

图 4.9.2　选择一张图片

第 3 步：插入图片的效果，如图 4.9.3 所示。

第 4 步：右击图片，选择"四周型环绕"方式，如图 4.9.4 所示。

第 5 步：设置了"四周型环绕"方式的图文效果，如图 4.9.5 所示。

图 4.9.3 插入图片的效果

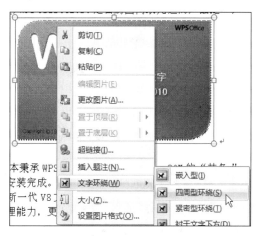

图 4.9.4 选择"四周型环绕"方式

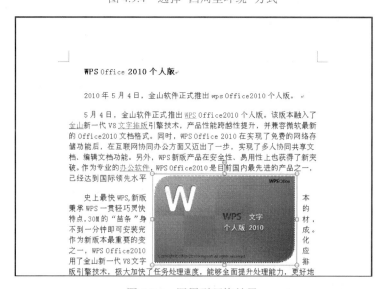

图 4.9.5 四周型环绕效果

第 6 步：单击图片右下角的小圆点，并拖动更改图形的大小，如图 4.9.6 所示。

图 4.9.6　更改图形的大小

第 7 步：单击图片，并拖动位置，图片的大小与位置被更改后的效果，如图 4.9.7 所示。

图 4.9.7　图片效果

【体验活动】

打开素材"WPS Office.docx"，按要求插入素材"WPS 演示个人版 2010.gif"，如图 4.9.8 所示。

图 4.9.8　"WPS Office"文档

（1）图片大小设置为高 5.24 cm，宽 8.45 cm。

（2）图片环绕方式设为四周型。

任务 4.10　图表编辑排版

【任务说明】

本任务完成插入饼图图表、编辑图表数据，完成图表类型、数据标签等格式的设置。

【任务目标】

（1）插入饼图图表。

（2）编辑饼图图表数据。

（3）完成饼图数据标签等格式的设置。

【实施步骤】

第 1 步：新建文档，并单击"插入→图表"命令，如图 4.10.1 所示。

第 2 步：选择饼图图表，如图 4.10.2 所示。

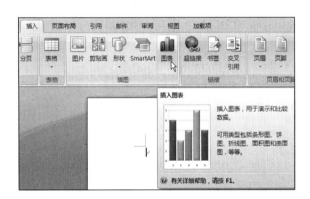

图 4.10.1　图表命令　　　　　　　　　　　　　　　图 4.10.2　选择饼图

第 3 步：编辑图表数据，如图 4.10.3 所示。

第 4 步：关闭图表数据窗口，为图表添加数据标签，如图 4.10.4 所示。

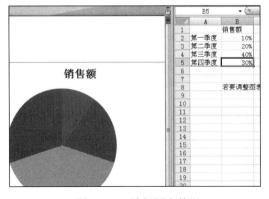
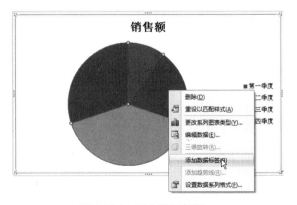

图 4.10.3　编辑图表数据　　　　　　　　　　　　　图 4.10.4　添加数据标签

第 5 步: 图表添加数据标签后的效果, 如图 4.10.5 所示。

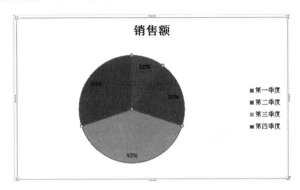

图 4.10.5　添加数据标签的效果

【体验活动】

新建文档, 创建收支图表 1, 如图 4.10.6 所示。

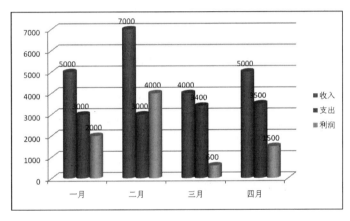

图 4.10.6　收支图表 1

单元 5

驾驭电子表格

——Excel 2007 的使用

【情景故事】

　　小梅在学校学会了 Microsoft Office 套件中的 Word 和 Excel,成绩很好,老师、家长和朋友不时要她帮忙处理报表或数据。小梅见能学以致用,乐此不疲。

【单元说明】

　　本单元用 Excel 处理数据,主要包括创建工作簿、建立工作表、录入数据、设置表格格式、对表格数据进行处理,并用公式、函数进行计算,对数据进行简单的分析,还会用到数据图表、透视图以及打印输出等。

【技能目标】

　　(1) 会在 Excel 2007 中建立工作簿、工作表,能利用内置模板快速创建工作簿,能熟练、正确地输入表中的数据。

　　(2) 熟练进行电子表格的基本操作,能熟练设置工作表的格式、页面等。

　　(3) 会对数据表进行排序、筛选、汇总等。

　　(4) 会使用常见函数对表格数据进行处理,会引用多个表并进行有关计算。

　　(5) 会使用 Excel 中的图表功能,对数据进行简单的分析。

【知识目标】

　　(1) 理解 Excel 中的基本概念,如工作表、单元格、单元格及地址表示、引用。

　　(2) 了解表格模板的作用,了解数据保护的含义及基本使用。

　　(3) 理解常用函数名称、功能、参数。

任务 5.1　轻松制作电子表格

【任务说明】

　　期中考试结束后,班主任刘老师交给小梅一叠纸质表格,说:“这是我们班同学的基本情况以及各科考试的成绩单,我想对这些数据进行处理”。刘老师提供的材料包括学生基本情况、考试成绩两方面的数据,需要用两个数据表来保存:一个是学生表,记录基本情况数据;另一个是成绩表,记录考试成绩。本任务是参照纸质材料,设计表格、录入数据,创建 Excel 工作簿文件

"1101 班数据 .xlsx"。

【任务目标】

（1）用 Excel 2007 创建文件"1101 班数据 .xlsx"，并建立"学生表"，在该表中录入数据，详细数据清单如图 5.1.1 所示。

1101班学生基本情况表					
学号	姓名	性别	出生日期	年龄	爱好
110101	杨小梅	女	1995-1-11		乒乓球
110102	林珞明	男	1996-11-12		计算机
110103	霍小雯	女	1995-12-3		乒乓球
110104	周文艳	女	1996-7-8		乒乓球
110105	胡锦彤	男	1995-2-4		篮球
110106	蒋玉娟	女	1995-3-4		篮球
110107	林志珉	男	1996-12-11		美术
110108	黄国光	男	1995-11-13		计算机
110109	李婷娜	女	1995-4-18		计算机
110110	余锦元	男	1996-12-1		计算机
110111	欧文颖	女	1995-12-8		计算机
110112	黄小文	女	1995-11-12		篮球
110113	丁俊峰	男	1995-12-1		排球
110114	卢淑丽	女	1996-1-12		排球
110115	徐婉美	女	1995-3-13		计算机
110116	郭洛钰	男	1996-12-19		计算机
110117	罗丽芬	女	1995-9-1		乒乓球
110118	凌志华	男	1996-8-28		乒乓球
110119	谭康	男	1995-7-20		美术
110120	黄文静	女	1995-12-9		乒乓球

图 5.1.1 学生表数据清单

（2）本任务目标如下：

① 认识 Excel 2007 的基本操作界面。

② 熟练创建、编辑和保存电子表格文件。

③ 熟练输入、编辑和修改工作表中的数据。

④ 会将外部数据导入到工作表中。

【实施步骤】

第 1 步：启动 Excel 2007，创建 Excel 数据文件。

单击"开始→所有程序→ Microsoft Office → Microsoft Office Excel 2007"，启动 Excel 2007，单击 Office 按钮，然后单击"新建"命令，在"新建工作簿"窗口中选择"空白文档和最近使用的文档"，再双击"空工作簿"，创建一个新的 Excel 工作簿文件。如图 5.1.2 所示。

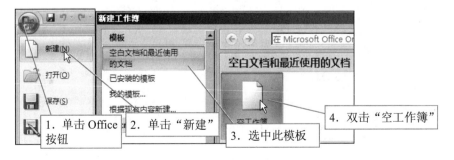

图 5.1.2 启动 Excel 2007，创建空工作簿

第 2 步：单击 Office 按钮 ，然后单击"保存"按钮 ，把工作簿文件保存在"D:\ 计算机应用基础 \ 单元 5"中，并命名为"1101 班数据 .xlsx"，如图 5.1.3 所示。

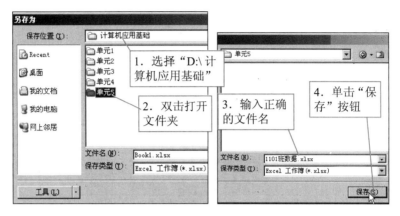

图 5.1.3　创建"1101 班数据 .xlsx"工作簿并保存在指定位置

小贴士

① 用 Excel 2007 创建工作簿文件的扩展名为 .xlsx，而 Excel 2003 的工作簿文件扩展名是 .xls。一个工作簿中可以包含多个工作表。

② 保存操作是最为频繁的操作之一，因此在快速访问工作栏中能方便找到保存按钮" "。

第 3 步：认识 Excel 2007 的主要操作界面。图 5.1.4 所示是 Excel 2007 默认的功能区界面。与 Excel 2003 的界面有较大的不同，在 Excel 2007 中增加了功能区，并采用选项卡的布局方式，分为"开始"、"插入"、"页面布局"、"公式"、"数据"、"审阅"、"视图"、"加载项"共 8 个选项卡，每个选项卡内又有分组，将各类功能的图标直观地集中放在功能区中，便于用户使用。

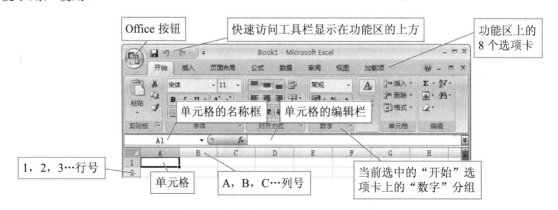

图 5.1.4　Excel 2007 的主要操作界面

小提示

功能区的界面可以定制，在功能区选项卡的空白处右击，弹出快捷菜单，如图 5.1.5 所示。可自定义快速访问工具栏、确定工具栏的显示位置、将功能区最小化等。

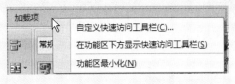

图 5.1.5　自定义快速访问工具栏

第 4 步：建立学生表的结构。根据图 5.1.1 所示的数据，在空电子表格的 A1 单元格中输入“1101 班学生基本情况表”，分别在 A2、B2、…、F2 中依次输入“学号”、“姓名”、“性别”、“出生日期”、“年龄”、“爱好”，如图 5.1.6 所示。

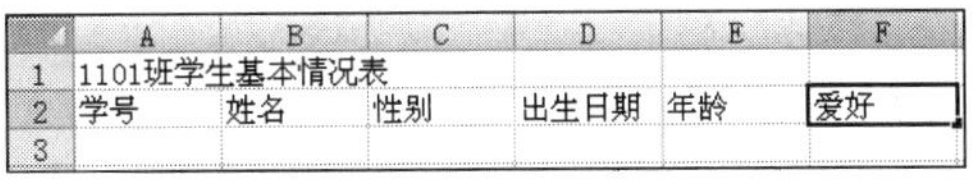

	A	B	C	D	E	F
1	1101班学生基本情况表					
2	学号	姓名	性别	出生日期	年龄	爱好
3						

图 5.1.6　建立学生表的表结构

小贴士

① 在 Excel 电子表格中，行号用 1、2、3、…等数字表示，列号用 A、B、C、…等字母表示，行列交叉处为单元格，如第 A 列第 1 行，命名表示为 A1，以此类推。用鼠标选中某单元格，在名称栏中会显示该单元格的名称。

② “选中”操作：单击行号选中行，单击列号选中列，单击单元格则选中单元格。按住鼠标左键拖动，则选中一片单元格区域。

第 5 步：修改表名。右击电子表格底部的 Sheet1，单击“重命名”命令，如图 5.1.7 所示。再输入“学生表”，将原来的默认名称 Sheet1 改成了“学生表”。

第 6 步：确定“出生日期”列数字格式为“日期”。

① 选中 D 列后右击，在快捷菜单中选择“设置单元格格式”命令，如图 5.1.8 所示。

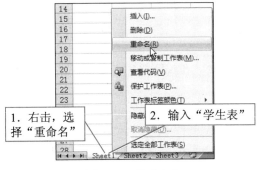

图 5.1.7　修改表名

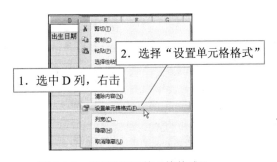

图 5.1.8　选择“设置单元格格式”

② 在弹出的"设置单元格格式"对话框中选中"数字"选项卡，然后在"分类"中选择"日期"，再选择"类型"中的"*2001-3-14"，如图 5.1.9 所示。

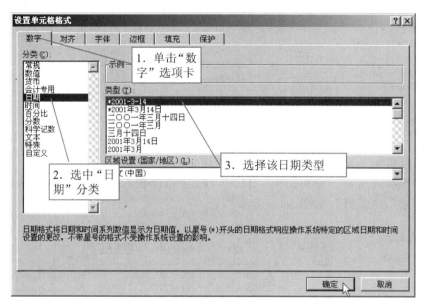

图 5.1.9 设置 D 列数据为日期格式

🐢 小提示

① 上述操作是将位于 D 列的"出生日期"设置为"日期"格式数字。也可用如下简捷方法完成：单击"开始"选项卡，选中 D 列，在"数字"分组的"数字格式"下拉列表框选中"短日期"，如图 5.1.10 所示。

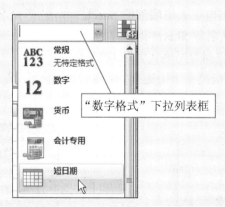

图 5.1.10 选择"短日期"数字格式

② 若未专门设置单元格的数字格式，则默认为"常规"格式。在本表中，其余各列的数据可采用"常规"数字格式。

第 7 步：录入表格中的数据。对照图 5.1.1 所示的"学生表数据清单"，在表格中输入各单元数据，输入记录时，要仔细、认真，养成良好的工作习惯，保证输入的值准确、无误，与原表的数据完全相同。在数据录入过程中，注意随时保存，以免出现意外情况，发生数据丢失。

第 8 步：设置标题合并居中及表格线。

① 选中 A1 ～ F1，单击"开始"选项卡中"对齐方式"分组中的 ▦ 按钮，实现表格标题所在的行合并且居中，如图 5.1.11 所示。

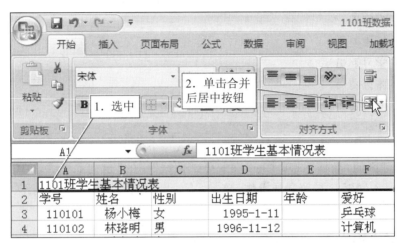

图 5.1.11　标题行合并居中

② 选中 A2 ～ F22，单击"开始"选项卡中"字体"分组中的"边框"下拉列表框，并单击"所有线框"，完成表格线的设置，如图 5.1.12 所示。

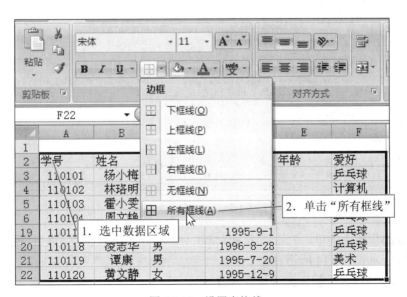

图 5.1.12　设置表格线

保存结果，至此本任务的【实施步骤】全部结束。

【技能拓展】

拓展一：将文本数据导入到工作表。

操作准备：一个包含班委会组织的文本文件"1101 班委会 .txt"，内容为：

姓名　　　　职务

杨小梅　　　班长

黄文静　　　团支书

佘锦元　　　副班长

黄国光　　　纪律委员

霍小雯　　　学习委员

黄小文　　　体育委员

胡锦彤　　　卫生委员

操作步骤如下：

① 打开工作簿文件"1101 班数据 .xslx"，并插入一个工作表，命名为"班委会"。

② 单击功能区的"数据"选项卡中"获取外部数据"中的"自文本"，并选中文件"1101 班委会 .txt"，单击"导入"按钮，按照向导操作，单击"下一步"按钮，如图 5.1.13 所示。

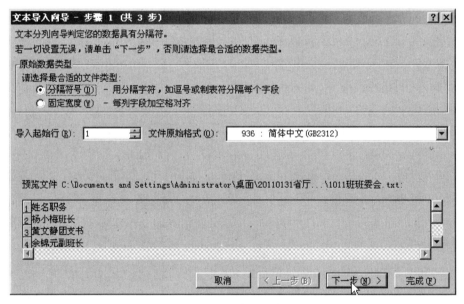

图 5.1.13　文本导入向导

③ 在向导的步骤 3 中单击"完成"按钮，选中导入数据的放置位置，单击"确定"按钮，完成文本数据的导入，如图 5.1.14 所示。

拓展二：保护成绩表数据不允许任意修改。

图 5.1.14 "导入数据"对话框

操作准备："1101 班数据 .xlsx"文件。

操作步骤如下：

① 打开"1101 班数据 .xlsx"中的数据表成绩表。

② 单击功能区的"审阅"选项卡中的"保护工作表"，输入密码"123456"（可自定义，但要记住所输入的密码）。单击"确定"按钮，并再次输入密码，如图 5.1.15 所示。

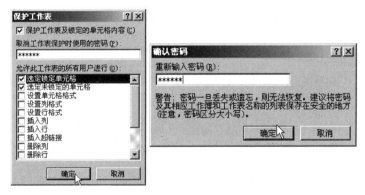

图 5.1.15 保护工作表

③ 工作表被保护后，数据具有"只读"属性，不允许进行增加、删除、修改操作，否则会弹出警告信息。

④ 取消保护。单击"审阅"选项卡中的"取消工作表保护"，并输入正确密码，可取消保护功能。

【知识宝库】

Excel 2007 中的数字格式参见表 5-1。

表 5-1 数字格式一览表

数 字 格 式	数字格式含义
常规	这是 Excel 应用的默认数字格式。大多数情况下，"常规"格式的数字以输入的方式显示。然而，如果单元格的宽度不够显示整个数字，"常规"格式会用小数点对数字进行四舍五入。"常规"数字格式还对较大的数字（12 位或更多位）使用科学计数法（指数）表示
数值	用于数字的一般表示。用户可以指定要使用的小数位数、是否使用千位分隔符以及如何显示负数

续表

数 字 格 式	数字格式含义
货币	用于一般货币值并显示带有数字的默认货币符号。用户可以指定要使用的小数位数、是否使用千位分隔符以及如何显示负数
会计专用	用于货币值，但是它会在一列中对齐货币符号和数字的小数点
日期	这种格式会根据用户指定的类型和区域设置（国家 / 地区），将日期和时间系列数值显示为日期值。以星号 (*) 开头的日期格式响应在 Windows "控制面板"中指定的区域日期和时间设置的更改。不带星号的格式不受"控制面板"设置的影响
时间	这种格式会根据用户指定的类型和区域设置（国家 / 地区），将日期和时间系列数显示为时间值。以星号 (*) 开头的时间格式响应在 Windows "控制面板"中指定的区域日期和时间设置的更改。不带星号的格式不受"控制面板"设置的影响
百分比	这种格式以百分数形式显示单元格的值。用户可以指定要使用的小数位数
分数	这种格式会根据用户指定的分数类型以分数形式显示数字
科学计数	这种格式以指数表示法显示数字，用 E+n 代替数字的一部分，其中用 10^n 乘以 E（代表指数）前面的数字。例如，2 位小数的"科学计数"格式将 12345678901 显示为 1.23E+10，即用 1.23×10^{10}。用户可以指定要使用的小数位数
文本	这种格式将单元格的内容视为文本，并在用户输入时准确显示内容，即使输入数字
特殊	这种格式将数字显示为邮政编码、电话号码或社会保险号码
自定义	这种格式允许用户修改现有数字格式代码的副本。这会创建一个自定义数字格式，并将其添加到数字格式代码的列表中。用户可以添加 200 ～ 250 个自定义数字格式，具体取决于用户安装的 Excel 的语言版本

通过应用不同的数字格式，可以更改数字的外观而不会更改数字。数字格式并不影响 Excel 2007 用于执行计算的实际单元格值。实际值显示在编辑栏中。

【疑难解答】

1. Excel 2003 与 Excel 2007 创建的文件能相互兼容吗？

答：两种版本采用了不同的数据存储格式，Excle 2007 的工作簿是基于 XML 格式的文件，扩展名为 .xlsx，Excel 2003 无法直接打开；Excel 2007 可以打开 Excel 2003 文件，由于无法在 Excel 2003 工作簿中使用 Excel 2007 的新增功能，可能会造成数据丢失之类的保真损失。因此，在默认情况下，Excel 2007 与 Excel 2003 是不能简单地认为兼容而通用的。

解决办法：

（1）用 Excel 2003 打开 Excel 2007 的工作簿文件。

如果 Excel 2007 在创建时保存为"Excel 97-2003 工作簿"，则 Excel 2003 能完全兼容。

如果不是，可下载安装微软公司提供的兼容补丁 Microsoft Office Compatibility Pack for powerPoint 2007 File Formats，Office 2003 就可以识别出 docx、docm 格式的 Word 2007 文档，pptx、pptm、potx、potm、ppsx、ppsm 格式的 PowerPoint 2007 文档，xlsb、xlsx、xlsm、xltx、xltm 格式的 Excel 2007 文档。自然也可以对上述格式的文档进行打开、保存或新建等编辑操作。

（2）用 Excel 2007 打开 Excel 2003 工作簿文件。

兼容模式：打开 Excel 2003 工作簿时默认兼容模式打开。

转换格式：在 Excel 2007 中，单击 Office 按钮，再单击"格式转换"，可对打开的低版本工作簿进行格式转换。转换为当前文件格式后，就可以访问 Excel 2007 提供的所有新增功能和增强功能，而且文件也会更小。工作簿转换后，原文件会被删除。

2．在表格的区域选择操作中，当用鼠标选择某区域（如 A3:F4）过程中，会在名称框中出现 "2R×6C"，这表示什么含义？

答：R 表示 Row（行），C 表示 Column（列），表示正选中几行几列，例如，2R×6C 表示正选中 2 行、6 列。当选定区域后，在名称框中显示的是最左边的首个单元格的名称。

【体验活动】

在"1101 班数据 .xlsx"工作簿中创建工作表"成绩表"，并录入成绩数据，设置表格线及标题居中，最后实现如图 5.1.16 所示效果。

1101班考试成绩表									
学号	姓名	德育	体育	语文	数学	英语	录入	计算机	维护
110101	杨小梅	80	78	90	80	78	78	90.5	78
110102	林佩瑶	85	87	78	85	87	87	85	87
110103	霍小雯	91.5	86	90.5	89.5	86	86.5	90	86
110104	周文艳	78.5	77	67.5	78.5	77	77	86.5	87.5
110105	胡锦彤	88	90	88.5	88	88.5	78.5	78.5	90
110106	蒋玉娟	87	62	78	87	84.5	62	87	78.5
110107	林志珉	65.5	84.5	87	77.5	84	84	94.5	84
110108	黄荧儿	84	88	86	84	88	87.5	84	88
110109	李婷娜	70	78.5	77	89.5	78	78	70	90.5
110110	余锦元	77.5	87	90	80	74.5	87	89.5	87
110111	欧文颖	80	65.5	62	80	84	84	80	84
110112	黄小文	75	90.5	84	75	83.5	89.5	75	90
110113	丁秀彦	88.5	67	88	67.5	67	67	91.5	74.5
110114	卢淑丽	85	90	67.5	85	90	90	85	90
110115	徐婉美	77.5	76	80.5	77.5	76	76	88	76
110116	郭洛钰	85	83	78.5	85	83	85.5	86.5	77.5
110117	罗丽芬	83	79	87	69.5	79	79	84.5	79
110118	凌志华	80.5	90	68	82.5	90	90	81	90
110119	谭康	85	94	90	85	94	94	85	94
110120	黄文静	90	85	91.5	90	85	85	92.5	85

图 5.1.16　建立成绩表效果

任务 5.2　工作表编辑

【任务说明】

小梅上次录入了学生表、成绩总表和班委会表，刘老师要求她在"1101 班数据 .xlsx"中做出各科单科成绩表。本任务是给定工作表数据内容，对其单元格数据进行编辑、清除、复制和移动,在工作表内插入单元格、行、列、符号等并填充数据。

【任务目标】

(1) 根据"1101 班数据 .xlsx"中的成绩表,建立德育、体育等 8 门课程的单科成绩表,其中德育课的单科成绩表如图 5.2.1 所示。

1101班德育成绩		
学号	姓名	德育
110101	杨小梅	90
110102	林佩瑶	85
110103	霍小雯	91.5
110104	周文艳	78.5
110105	胡锦彤	88
110106	蒋玉娟	87
110107	林志岷	65.5
110108	黄荧儿	84
110109	李婷娜	70
110110	余锦元	77.5
110111	欧文颖	80
110112	黄小文	75
110113	丁秀彦	88.5
110114	卢淑丽	85
110115	徐婉美	77.5
110116	郭洛钰	85
110117	罗丽芬	83
110118	凌志华	80.5
110119	谭康	85
110120	黄文静	90

图 5.2.1 德育课单科成绩表效果

(2) 学会:

① 单元格名称、单元格地址的含义。

② "粘贴"、粘贴"公式"与粘贴"值"的区别。

③ 熟练编辑、清除、复制和移动单元格数据。

④ 熟练插入单元格、行、列、图形、符号等。

⑤ 拆分、冻结窗口。

⑥ 使用填充功能为单元格填充数据。

【实施步骤】

第 1 步:打开工作簿"1101 班数据 .xlsx",在"成绩表"后面新建"德育"、"体育"、"语文"、"数学"、"英语"、"录入"、"计算机"、"维护"共 8 个工作表,如图 5.2.2 所示。

| 学生表 | 成绩表 | 班委会 | 德育 | 体育 | 语文 | 数学 | 英语 | 录入 | 计算机 | 维护 |

图 5.2.2 创建工作表

第 2 步:在"成绩表"中按住 Shift 键选中成绩表中的"学号"、"姓名"、"德育"三个栏目及其下方的数据,或者直接拖动鼠标选中数据,然后按 Ctrl+C 键复制,如图 5.2.3 所示。

第 3 步:打开"德育"工作表,选中 A2 单元格,按 Ctrl+V 键粘贴。

第 4 步:选中 A1 单元格,输入标题"1101 班德育成绩"。拖动鼠标选中 A1:C1,将 3 个单元格合并居中，如图 5.2.4 所示。

学号	姓名	德育
110101	杨小梅	90
110102	林佩瑶	85
110103	霍小雯	91.5
110104	周文艳	78.5
110105	胡锦彤	88
110106	蒋玉娟	87
110107	林志泯	65.5
110108	黄荧儿	84
110109	李婷娜	70
110110	余锦元	77.5
110111	欧文颖	80
110112	黄小文	75
110113	丁秀彦	88.5
110114	卢淑丽	85
110115	徐婉美	77.5
110116	郭洛钰	85
110117	罗丽芬	83
110118	凌志华	80.5
110119	谭康	85
110120	黄文静	90

图 5.2.3 复制数据

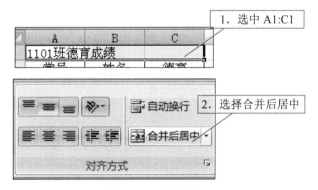

图 5.2.4 合并居中

第 5 步：按照同样方法完成其他 7 门课的成绩表，注意，选择不连续的区域时，要按住 Ctrl 键，如图 5.2.5 所示。

学号	姓名	德育	体育
110101	杨小梅	90	85
110102	林佩瑶	85	87
110103	霍小雯	91.5	86
110104	周文艳	78.5	77
110105	胡锦彤	88	90
110106	蒋玉娟	87	62
110107	林志泯	65.5	84.5
110108	黄荧儿	84	88
110109	李婷娜	70	78.5
110110	余锦元	77.5	87
110111	欧文颖	80	65.5
110112	黄小文	75	90.5
110113	丁秀彦	88.5	67
110114	卢淑丽	85	90
110115	徐婉美	77.5	76
110116	郭洛钰	85	83
110117	罗丽芬	83	79
110118	凌志华	80.5	90
110119	谭康	85	94
110120	黄文静	90	85

按住 Ctrl 键时，可以选中不同区域的数据

图 5.2.5 选择不连续区域的数据

保存结果,至此,【实施步骤】全部结束。

 小贴士

灵活使用 Ctrl 和 Shift 键,面对大量数据时,可以提高效率。

【技能拓展】

操作准备:

打开工作簿"08 级房地产专业成绩总表 .xlsx",完成以下编辑操作:

① 将"第一张"中的所有数据复制到"第二张"。

② 清除"第一张"中数据(C26:W26)。

③ 将"第一张" F22 单元格,分别"选择性粘贴 / 全部"到"第三张" A16 单元格、"选择性粘贴 / 格式"到"第三张" A17 单元格,"选择性粘贴 / 数值"到"第三张" A18 单元格。

④ 将"第一张" C26 单元格填充数据"–1",然后用自动填充手柄将(C26:W26)单元格填充为"–1"。

⑤ 将整个 Excel 的窗口高度调整为屏幕的 1/2,选中"第一张"工作表的第 6 行,拆分窗口,拖动各窗口内的垂直滚动条,查看"林欣"的记录。

⑥ 选中"第二张"工作表,冻结工作表的第 6 行,拖动垂直滚动条,查看窗口内的数据如何变化。

操作步骤如下:

① 将"第一张"中的所有数据复制到"第二张"。

② 清除"第一张"中数据(C26:W26)。

③ 复制"第一张"工作表单元格,在"第三张"工作表中选择性粘贴,如图 5.2.6 所示。

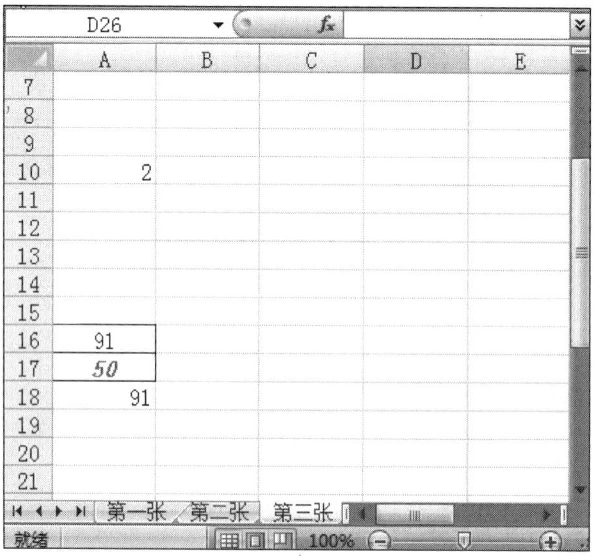

图 5.2.6　选择性粘贴

④ 用自动填充手柄将（D26：W26）单元格填充为"−1"。

⑤ 拆分窗口，如图 5.2.7 所示。

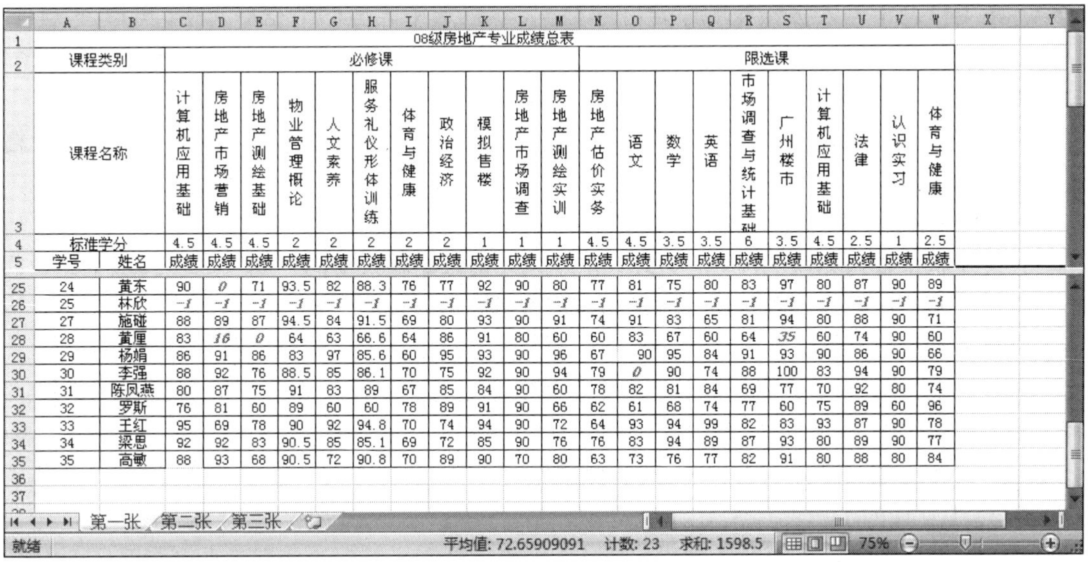

	08级房地产专业成绩总表																						
课程类别		必修课											限选课										
课程名称		计算机应用基础	房地产市场营销	房地产测绘基础	物业管理概论	人文素养	服务礼仪形体训练	体育与健康	政治经济	模拟售楼	房地产市场调查	房地产测绘实训	房地产估价实务	语文	数学	英语	市场调查与统计基础	广州楼市	计算机应用基础	法律	认识实习	体育与健康
标准学分		4.5	4.5	4.5	2	2	2	2	2	1	1	1	4.5	4.5	3.5	3.5	6	3.5	4.5	2.5	1	2.5
学号	姓名	成绩	成绩	成绩	成绩	成绩	成绩	成绩	成绩	成绩	成绩	成绩	成绩	成绩	成绩	成绩	成绩	成绩	成绩	成绩	成绩	成绩
24	黄东	90	0	71	93.5	82	88.3	76	77	92	90	80	77	81	75	80	83	97	80	87	90	89
25	林欣	−1	−1	−1	−1	−1	−1	−1	−1	1	−1	1	−1	−1	−1	−1	−1	−1	−1	−1	−1	−1
27	施斑	88	89	87	94.5	84	91.5	69	80	93	90	91	74	91	83	65	81	94	80	88	90	71
28	黄厘	83	16	0	64	63	66.6	64	86	91	80	60	60	83	67	60	64	35	60	74	90	60
29	杨娟	86	91	86	83	97	85.6	60	95	93	90	96	67	90	95	84	91	93	90	86	90	66
30	李强	88	92	76	88.5	85	86.1	70	75	92	90	94	79	0	90	74	88	100	83	94	90	79
31	陈凤燕	80	87	75	91	83	89	67	85	84	90	78	82	81	84	69	77	70	92	80	74	
32	罗斯	76	81	60	89	60	78	78	89	91	90	66	62	61	68	74	77	60	75	89	60	96
33	王红	95	69	78	90	92	94.8	70	74	90	72	64	93	94	99	82	83	93	87	90	78	
34	梁思	92	92	83	90.5	85	85.1	69	72	85	90	76	83	94	89	87	93	80	89	90	77	
35	高敏	88	93	68	90.5	72	90.8	70	89	90	70	80	63	73	76	77	82	91	80	88	80	84

第一张　第二张　第三张

就绪　　　　　　　　平均值: 72.65909091　计数: 23　求和: 1598.5　　75%

图 5.2.7　拆分窗口

⑥ 选择第 6 行在"视图"菜单中选择冻结窗口，如图 5.2.8 所示。

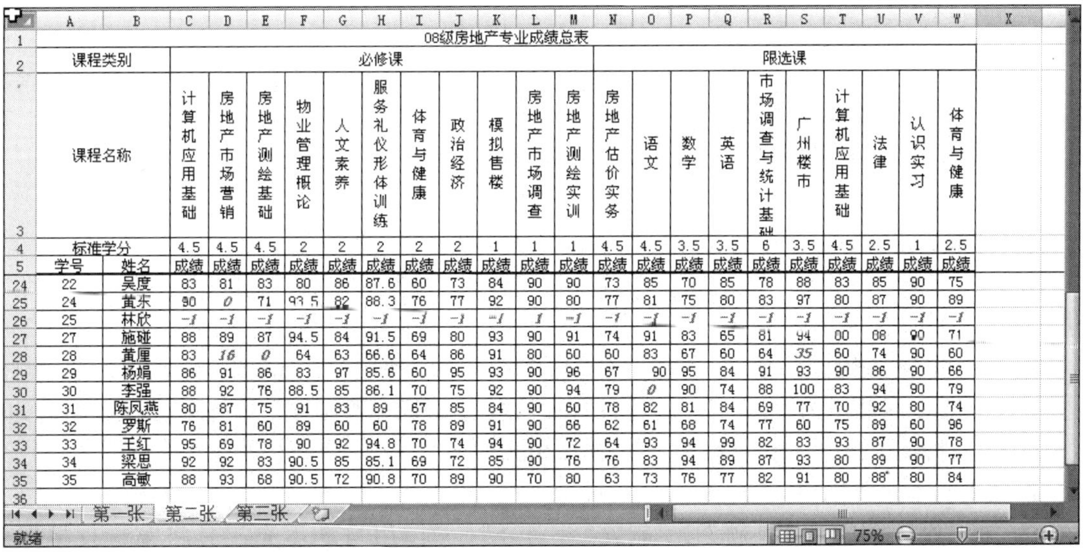

	08级房地产专业成绩总表																						
课程类别		必修课											限选课										
课程名称		计算机应用基础	房地产市场营销	房地产测绘基础	物业管理概论	人文素养	服务礼仪形体训练	体育与健康	政治经济	模拟售楼	房地产市场调查	房地产测绘实训	房地产估价实务	语文	数学	英语	市场调查与统计基础	广州楼市	计算机应用基础	法律	认识实习	体育与健康
标准学分		4.5	4.5	4.5	2	2	2	2	2	1	1	1	4.5	4.5	3.5	3.5	6	3.5	4.5	2.5	1	2.5
学号	姓名	成绩	成绩	成绩	成绩	成绩	成绩	成绩	成绩	成绩	成绩	成绩	成绩	成绩	成绩	成绩	成绩	成绩	成绩	成绩	成绩	成绩
22	吴度	83	81	83	80	86	87.6	60	73	84	90	90	73	85	70	85	78	88	83	85	90	75
24	黄东	90	0	71	93.5	82	88.3	76	77	92	90	80	77	81	75	80	83	97	80	87	90	89
25	林欣	−1	−1	−1	−1	−1	−1	−1	−1	1	−1	1	−1	−1	−1	−1	−1	−1	−1	−1	−1	−1
27	施斑	88	89	87	94.5	84	91.5	69	80	93	90	91	74	91	83	65	81	94	00	08	90	71
28	黄厘	83	16	0	64	63	66.6	64	86	91	80	60	60	83	67	60	64	35	60	74	90	60
29	杨娟	86	91	86	83	97	85.6	60	95	93	90	96	67	90	95	84	91	93	90	86	90	66
30	李强	88	92	76	88.5	85	86.1	70	75	92	90	94	79	0	90	74	88	100	83	94	90	79
31	陈凤燕	80	87	75	91	83	89	67	85	84	90	78	82	81	84	69	77	70	92	80	74	
32	罗斯	76	81	60	89	60	78	78	89	91	90	66	62	61	68	74	77	60	75	89	60	96
33	王红	95	69	78	90	92	94.8	70	74	90	72	64	93	94	99	82	83	93	87	90	78	
34	梁思	92	92	83	90.5	85	85.1	69	72	85	90	76	83	94	89	87	93	80	89	90	77	
35	高敏	88	93	68	90.5	72	90.8	70	89	90	70	80	63	73	76	77	82	91	80	88	80	84

第一张　第二张　第三张

就绪　　　　　　　　　　　　　　　　　　　　75%

图 5.2.8　冻结窗口

【知识宝库】

自定义填充序列，可加快数据输入。Excel 2007 提供了通过工作表中现有的数据项或以临时输入的方式，创建自定义序列的环境，应用序列可以加快数据输入，加速工作进程。

具体方法有：

① 在工作表中输入按预先顺序定好的数据，然后选中相应的数据单元格，再通过"工具 / 选项"打开"选项"对话框，打开"自定义序列"选项卡，单击"导入"按钮，即可看到相应的序列添加到"自定义序列"清单中。

② 在已打开的"自定义序列"选项卡中，单击"导入"按钮左边的"导入序列所在的单元格"按钮，再在相应的表中选择序列导入即可。

③ 在"自定义序列"选项卡中，选择"自定义序列"列表框中的"新序列"选项，即可在"输入序列"文本框中输入相应的序列，从第一个序列元素开始输入新的序列。在输入每个元素后，按 Enter 键。整个序列输入完毕后，单击"添加"按钮即可。

【疑难解答】

1. 在 Excel 中，一个工作表最多能有多少列？多少行？一个工作簿中最多可以有多少个工作表？默认的一个工作簿工作表有多少个？

答：一个工作表最多能有 256 列，最多有 65 536 行，一个工作簿中最多可以有 255 个工作表，一个工作簿中默认的工作表有 3 个。

2. 工作表会经常给不同的人群看，有些函数和计算方式不想让使用者看到，可不可以将工作表的内容锁定起来，只可以看不可以修改呢？

答：可以。选择要保护的工作表。要对允许其他用户更改的任何单元格或区域解除锁定，选择要解除锁定的每个单元格或单元格区域。

（1）在"开始"选项卡的"单元格"组中，单击"格式"，然后单击"设置单元格格式"。在"保护"选项卡上，清除"锁定"复选框，然后单击"确定"按钮。

（2）要隐藏不希望显示的任何公式，可执行下列操作：在工作表中，选择包含要隐藏公式的单元格。在"开始"选项卡的"单元格"组中，单击"格式"，然后单击"设置单元格格式"。在"保护"选项卡上，选中"隐藏"复选框，然后单击"确定"按钮。

【体验活动】

操作准备：在本书配套光盘的"素材"文件夹里面找到素材"兴华公司 2011 年销售情况"。

① 右击"销售额"工作表，选择移动或复制工作表，弹出对话框，选择"移至最后"，并选中"建立副本"复选框，并重命名为"年度销售额"。

② 在工作表"销售额"中，插入标题行"软件部分第一季度销售额（单位：元）"，将标题行合并居中；将 E 列命名为"合计"。调整各列宽度使数据能完整显示；调整第 1 行行高为 30，第 2 ～ 8 行行高为 25。在表中数据下方插入 SmartArt 图形中"列表"类的"蛇形图片重点列表"，在图上文本区分别填入"一月"、"二月"、"三月"。

③ 在工作表"年度销售额"中，删除"小计 1"一列，用自动填充工具将第一行填充到十二月。

任务 5.3 工作表格式化

【任务说明】

小梅的爸爸刚刚成立一家信息工程公司，他让小梅帮忙做一个简单的工资报表，但有一些格式上的要求。

【任务目标】

打开工作簿"乐华信息工程公司员工工资表.xlsx"，完成以下操作：

（1）将单元格区域 A1:H1 合并居中。将标题行字体格式为：20 号字，楷体 GB2312，粗体，字体颜色为橙色。将表内所有数据复制到"工资表 2"和"工资表 3"。

（2）在"工资表 1"中做如下操作：

① "扣除"列中的数字部分字体格式为：倾斜，红色。

② 设置第 2 ～ 10 行的行高为 30，第 A ～ H 列的列宽为 10。

③ 第 2 行对齐格式为：水平居中对齐，垂直居中对齐；设置 A3:D10 水平左对齐，垂直居中对齐；表中所有数字单元格水平右对齐，垂直居中对齐。

④ 在单元格区域 A2:H10 加蓝色外边框和紫色内部边框。

⑤ 将"基本工资"、"奖金"、"扣除"和"实发工资"列数据的格式设置为：货币，不保留小数位，添加人民币货币符号。

⑥ "奖金"介于 2 000 和 3 000 之间的单元格格式设置为：黄色填充深黄色文本。最后实现如图 5.3.1 所示效果。

编号	姓名	性别	职称	基本工资	奖金	扣除	实发工资
A01	洪国斌	男	工程师	¥3,500	¥2,000	¥456	
B02	张军宏	男	高级工程师	¥4,800	¥2,325	¥214	
C03	刘迪明	男	助理工程师	¥2,900	¥1,898	¥301	
A04	刘乐红	女	工程师	¥3,750	¥1,547	¥257	
B10	陈红	女	工程师	¥4,000	¥3,589	¥412	
C06	吴大林	男	高级工程师	¥5,200	¥2,548	¥100	
A08	邱红霞	女	助理工程师	¥2,800	¥3,256	¥144	
A09	刘泠静	女	高级工程师	¥4,900	¥4,257	¥321	

乐华信息工程公司员工工资表

图 5.3.1 工资表

（3）在"工资表 2"中实现以下要求：

① 将 A2:H10 单元格区域套用表格格式"表样式中等深浅 2"。最后实现如图 5.3.2 所示的效果。

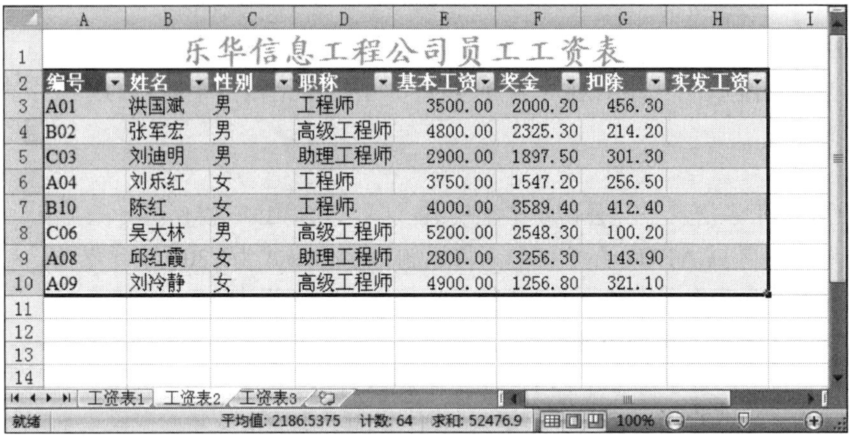

图 5.3.2　套用格式

② 在"工资表 3"中做如下第 9 ～ 12 项操作。

③ 将标题行应用"单元格样式"中的"标题"样式。

④ 将第 2 行应用"单元格样式"中的"汇总"样式。

⑤ 将 A3:D10 应用"单元格样式"中的"常规"样式。

⑥ 将 E3:H10 应用"单元格样式"中的"货币 [0]"样式。如图 5.3.3 所示。

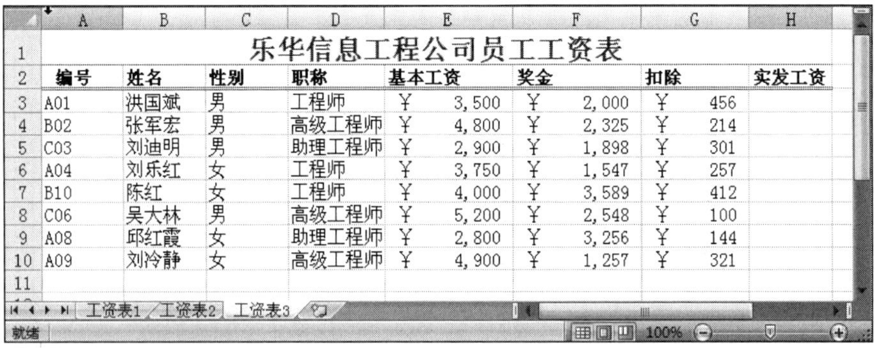

图 5.3.3　应用样式

【实施步骤】

第 1 步：将单元格区域 A1:H1 合并居中。将标题行字体格式为：20 号字，楷体 GB2312，粗体，字体颜色为橙色。将表内所有数据复制到"工资表 2"和"工资表 3"，如图 5.3.4 和图 5.3.5 所示。

第 2 步：在"工资表 1"中做如下操作：

（1）"扣除"列中的数字部分字体格式为：倾斜，红色，如图 5.3.6 所示。

图 5.3.4 设置标题格式

乐华信息工程公司员工工资表							
编号	姓名	性别	职称	基本工资	奖金	扣除	实发工资
A01	洪国斌	男	工程师	3500.00	2000.20	456.30	
B02	张军宏	男	高级工程师	4800.00	2325.30	214.20	
C03	刘迪明	男	助理工程师	2900.00	1897.50	301.30	
A04	刘乐红	女	工程师	3750.00	1547.20	256.50	
B10	陈红	女	工程师	4000.00	3589.40	412.40	
C06	吴大林	男	高级工程师	5200.00	2548.30	100.20	
A08	邱红霞	女	助理工程师	2800.00	3256.50	143.90	
A09	刘冷静	女	高级工程师	4900.00	1256.80	321.10	

将工资表 1 的内容复制到工资表 2 与工资表 3 中

工资表1 工资表2 工资表3

图 5.3.5 复制工资表

（2）设置第 2～10 行的行高为 30，第 A～H 列的列宽为 10，选好数据区域后，在单元格选项的格式下可设置行高和列宽，如图 5.3.7 所示。

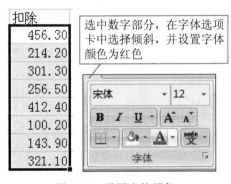

图 5.3.6 设置字体颜色

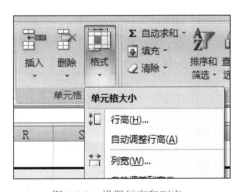

图 5.3.7 设置行高和列宽

（3）第 2 行对齐格式为：水平居中对齐，垂直居中对齐；设置单元格区域 A3：D10 水平左对齐，垂直居中对齐；表中所有数字单元格水平右对齐，垂直居中对齐，图 5.3.7 所示效果为第 2 列的设置方法。如图 5.3.8 所示。

（4）在单元格区域 A2:H10 加蓝色外边框和紫色内部边框，如图 5.3.9 所示。

图 5.3.8 设置单元格格式

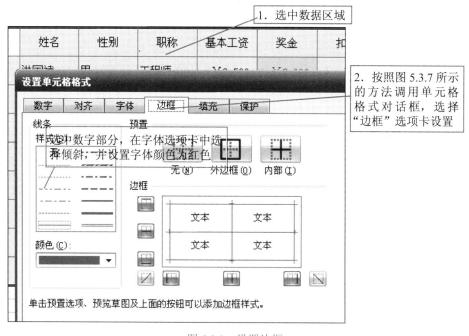

图 5.3.9 设置边框

（5）将"基本工资"、"奖金"、"扣除"和"实发工资"列数据的格式为：货币，不保留小数位，添加人民币货币符号，如图 5.3.10 所示。

（6）奖金介于 2 000 和 3 000 之间的单元格式设为：黄色填充深黄色文本。操作步骤如

图 5.3.11 和图 5.3.12 所示。

图 5.3.10 设置货币格式

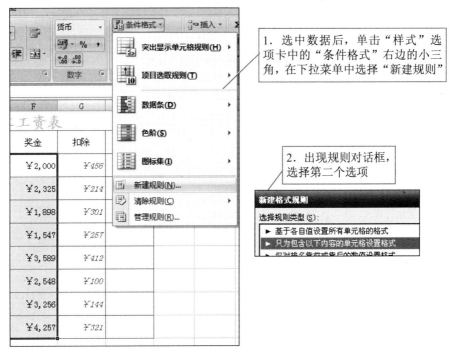

图 5.3.11 设置条件格式①

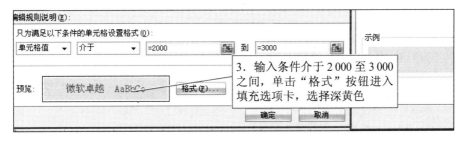

图 5.3.12 设置条件格式②

第 3 步：在"工资表 2"中做如下操作：将 A2:H10 单元格区域套用表格格式"表样式中等深浅 2"，如图 5.3.13 所示。

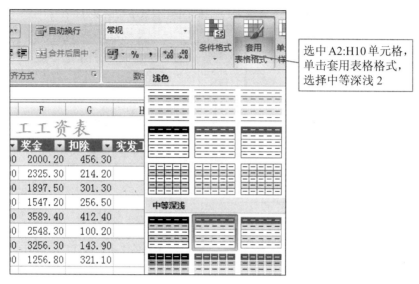

图 5.3.13　套用表格格式

第 4 步：在"工资表 3"中做如下操作：将标题行应用"单元格样式"中的"标题"样式。将第 2 行应用"单元格样式"中的"汇总"样式。将 A3:D10 应用"单元格样式"中的"常规"样式（一般默认格式为常规）。将 E3:H10 应用"单元格样式"中的"货币 [0]"样式，如图 5.3.14 所示。

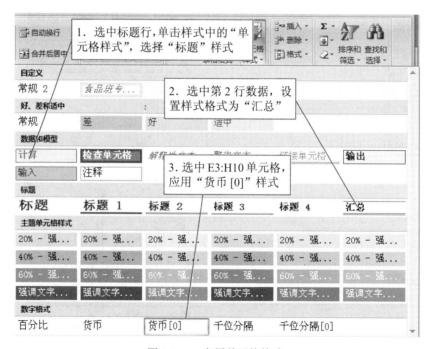

图 5.3.14　套用单元格格式

保存结果，至此，【实施步骤】全部结束。

小贴士

在选中数据，需要编辑数据的格式的时候，使用快捷键 Ctrl+1，就可以快速调出单元格格式对话框，大大提高效率。

【技能拓展】

拓展一操作准备：

（1）打开"期中考试成绩 .xlsx"。选择"开始 / 单元格样式 / 新建单元格样式"，定义一个名为"表头"的样式：字体为楷体，14 号，加粗，橙色；对齐方式为水平居中，垂直居中；边框为下框线，线型为双线，颜色为红色；底纹为蓝色。

（2）新建一个名为"单数行"的样式：数据为数值型，小数点后 1 位小数；对齐方式为水平靠右，垂直靠下；字体为仿宋体，12 号；底纹为浅灰色。

（3）新建一个名为"单数行"的样式：数据为数值型，小数点后 1 位小数；对齐方式为靠右，垂直靠下；字体为仿宋体，12 号；底纹为橙色。

（4）应用样式：

① 将表头部分应用"表头"样式。

② 将所有学号为单数的行应用"单数行"样式。

③ 将所有学号为双数的行应用"双数行"样式。

（5）选择学号列，单击"减少小数位数"按钮，去掉其中的小数。

操作步骤如下：

（1）单击"开始→单元格样式→新建单元格样式"，如图 5.3.15 至图 5.3.18 所示。

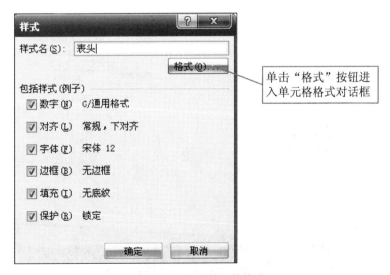

图 5.3.15 新建单元格格式

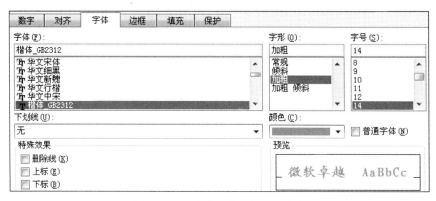

图 5.3.16 "字体"选项卡设置内容

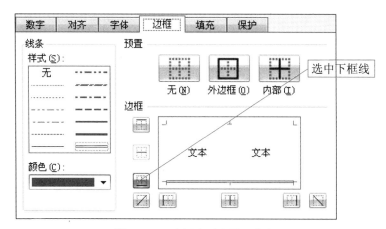

图 5.3.17 边框选项卡设置内容

图 5.3.18 "填充"选项卡设置

（2）重复第一个新建样式的步骤：

（3）应用样式：

① 将表头部分应用"表头"样式。

② 将所有学号为单数的行应用"单数行"样式。

③ 将所有学号为双数的行应用"双数行"样式。

效果如图 5.3.19 所示。

	A	B	C	D	E	F	G	H
1								
2	学号	姓名	数学	物理	化学	英语	总分	
3	1	黎志兵	85.0	98.0	79.0	67.0	329.0	
4	2	邱国明	80.0	94.0	92.0	84.0	350.0	
5	3	徐晓园	97.0	95.0	94.0	90.0	376.0	
6	4	季芬	84.0	75.0	81.0	95.0	335.0	
7	5	张迪	88.0	84.0	94.0	87.0	353.0	
8	6	霍彪	88.0	78.0	62.0	49.0	277.0	
9	7	鞠树人	89.0	85.0	87.0	94.0	355.0	
10	8	张长弓	89.0	94.0	85.0	86.0	354.0	
11	9	伍庭星	57.0	51.0	40.0	60.0	208.0	
12	10	柳妮	75.0	84.0	80.0	75.0	314.0	
13								

图 5.3.19　应用样式

④ 选择"学号"列，单击"减少小数位数"按钮，删除其中的小数，如图 5.3.20 所示。

拓展二操作准备：

（1）在 Office 2007 中利用已安装的模板"个人月预算"新建一个工作簿，先将其中的栏目修改为适合你的家庭情况的内容，再将所有数字清零，将其保存为 Excel 模板"家庭月预算，关闭当前工作簿。

（2）利用"我的模板"中的"家庭月预算"新建一个工作簿，根据你所知道的情况，对你的家庭收支做预算，如图 5.3.21 所示。

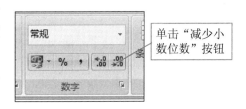

图 5.3.20　减少小数位数

【知识宝库】

在常用选项卡中的样式中有三种格式的选择按钮。分别是"条件格式"、"套用表格格式"和"单元格样式"，每一个按钮的功能都很实用，对于一些格式的要求和表格的样式很全面，实用性很强。

【疑难解答】

1. 我做了一个表格，做完后为了美观，就选择了"自动套用格式"中的一个格式，后来我想不用了，发现改不了，而且格式中的标题列也不能删除，怎么解决？

答：单击"开始→编辑→清除→清除格式"命令。

图 5.3.21　家庭收支做预算

2. Excel 2007"套用表格格式"之后就无法合并单元格，怎么解决？

答：套用后，单击设计一栏中的"转换为区域"按钮。

【体验活动】

操作准备：打开素材工作簿"兴华公司 2011 年销售情况 .xlsx"，完成以下操作。

1. 在"Sheet1"中完成以下操作：

（1）将 A1～E1 单元格合并居中。各行行高为 25。标题文字的格式设置为：隶书体、20 磅、粗体；深蓝色字体；各数据单元格的数字格式设为货币式样，不保留小数位；其他各单元格（文本）的内容设为水平居中，垂直居中；宋体；深红色。

（2）在标题下插入一行，行高为 12。在合计一行前插入一行，填入"其他软件"。

（3）将"游戏软件"一行与"操作系统"一行对调。

（4）将"游戏软件"一行的"小计"单元格的名字定义为"销售额最多"。

（5）将 A3:E10 单元格区域加上黑色粗外框和黑色细内框，整个表格设置为浅灰色底纹。

（6）并将工作表 Sheet1 重命名为"销售额 1"。

（7）将各月销售额大于 10 万元的单元格格式设为：浅红色黄色填充。

2. 在"Sheet2"中做如下操作：

（1）标题合并居中，将表格内其他数据套用表格格式"表样式深色 7"。

（2）并将工作表 Sheet2 重命名为"销售额 2"。

3．在"Sheet3"中做如下操作：

（1）将标题行合并居中，应用"单元格样式"中的"标题 1"样式。

（2）将表内数字应用"单元格样式"中的"货币"样式。

（3）表内其他单元格应用"主题单元格样式"中的"20%- 强调 文字颜色 1"样式。

（4）并将工作表 Sheet3 重命名为"销售额 3"。

任务 5.4　　图表功能应用

【任务说明】

小梅的爸爸对于上次小梅做的工资报表很满意，现在公司刚上轨道，首先跟一家商场开始合作，商场委托公司整理一份柜台销售表。小梅觉得这次的任务很有挑战性，便自告奋勇地向她爸爸要求交给自己来做。

【任务目标】

（1）在"Sheet1"中用簇状柱形图查看各品牌 4 个季度的销售情况，结果如图 5.4.1 所示。

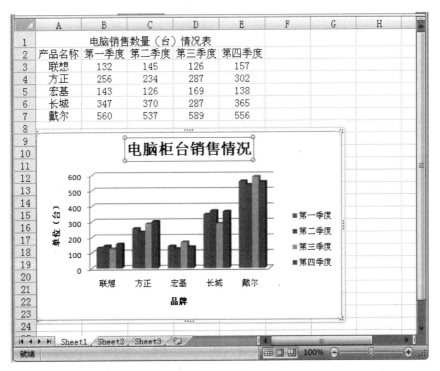

图 5.4.1　柱形图表

（2）在"Sheet2"中用三维饼图查看各品牌第四季度的销售情况，结果如图 5.4.2 所示。

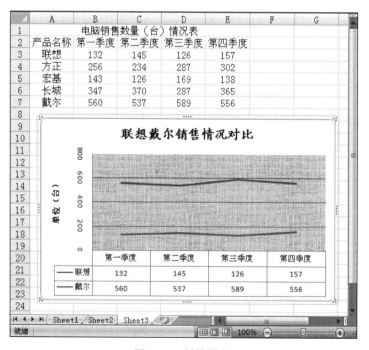

图 5.4.2　饼形图表

（3）在"Sheet3"中用折线图比较联想和戴尔两种品牌的销售情况，结果如图 5.4.3 所示。

图 5.4.3　折线图表

【实施步骤】

第 1 步：打开素材中"某商场电脑柜台销售情况 .xlsx"工作簿：在"Sheet1"中用各品牌 4 个季度的销售数据做图表。

① 选中 A2:E7 单元格区域，插入"柱形图→二维柱形图→簇状柱形图"，如图 5.4.4 所示。

② 选择"快速布局"按钮下的"布局 9"，如图 5.4.5 所示，选中图表区，将图表拖动到数据下方，右击"图表标题"，将其改为"电脑柜台销售情况"，右击纵"坐标轴标题"，将其改为"单位（台）"，同样，将横"坐标轴标题"改为"品牌"，如图 5.4.6 所示。

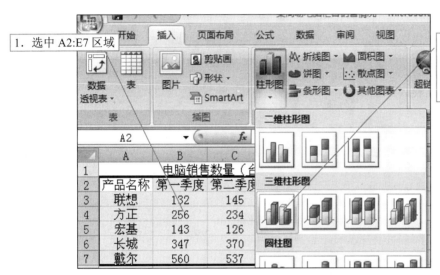

图 5.4.4 柱形图

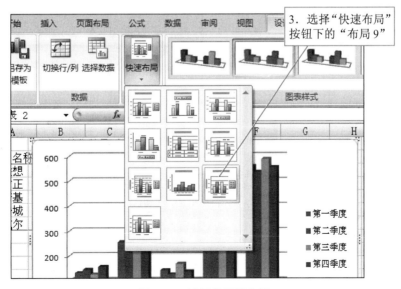

图 5.4.5 选择柱形图布局

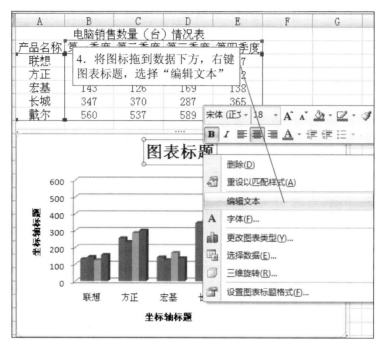

图 5.4.6 编辑文本

第 2 步：在"Sheet2"中参考图 5.4.7 进行以下操作：

① 按住 Ctrl 键，选中 A2:A7 与 E2:E7，选择"饼图→三维饼图→三维饼图"，如图 5.4.7 所示。

② 要求用"快速布局"下的"布局 1"，图表样式选择"样式 2"。

③ 将图表标题改为"第四季度销售情况对比"，将纵"坐标轴标题"改为"单位（台）"。

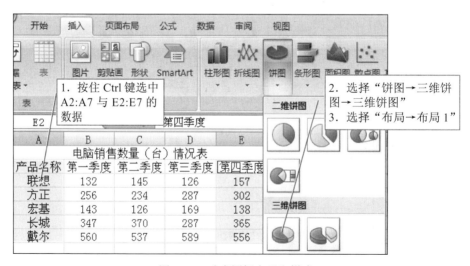

图 5.4.7 改变图标布局和样式

第 3 步：在"Sheet3"中进行以下操作：

① 在"Sheet3"中选择联想和戴尔两种品牌，选择"折线图→二维折线图→折线图"，如图 5.4.8 所示。

图 5.4.8 设置折线图

② 布局选择"快速布局"下的"布局 5"，图表样式选择"样式 2"，如图 5.4.9 所示。

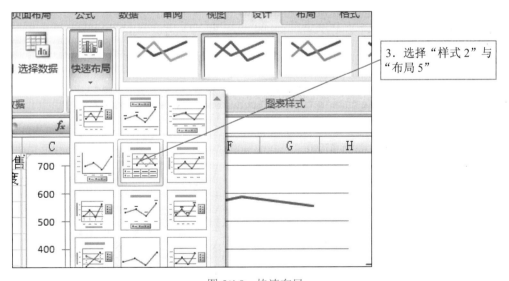

图 5.4.9 快速布局

③ 将图表标题改为"联想戴尔销售情况对比"，将纵"坐标轴标题"改为"单位（台）"，选中并设置图表标题黑体，将其改为楷体，字号为 16，如图 5.4.10 所示。

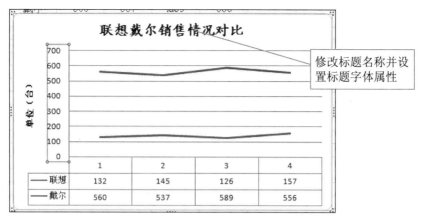

图 5.4.10　修改图表标题

④ 右击绘图区，选择"设置绘图区格式→填充→图片或纹理填充→纹理→画布"，如图 5.4.11 与图 5.4.12 所示。

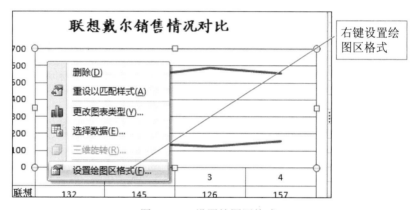

图 5.4.11　设置绘图区格式

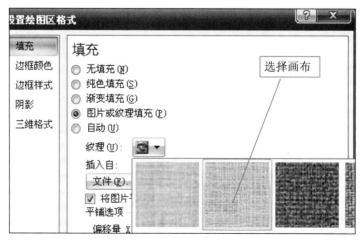

图 5.4.12　设置画布

⑤ 选中纵坐标区域，按鼠标右键，选择"设置主要网格线格式→实线"，颜色：红色，透明度：0%，效果如图 5.4.13 与图 5.4.14 所示。

图 5.4.13 设置网格线格式

图 5.4.14 设置网格线格式

【技能拓展】

拓展操作准备：

打开素材中的 Excel 工作簿"某公司会计资料 .xlsx"，完成下列步骤：

① 用"账户名称"、"本期贷方发生额"和"本期借方发生额"的数据创建一簇状柱形图，使分类轴显示各账户名称。

② 修改簇状柱形图为"带数据标记的堆积折线图"，并添加一系列"期初余额"。

③ 设置图表标题为"试算平衡表"并增加 X 轴的主要网格线。

④ 将图表区格式设置为"信纸"纹理的填充效果；将绘图区格式设置为"渐变填充"，预设颜色为"羊皮纸"；将图例的位置改为底部并设置其字体为 9 号，水绿色，黑体；将 X 轴的文字格式设置为红色 10 号宋体。

⑤ 将"固定资产"的"本期贷方发生额"改为"200 000"；"本期借方发生额"改为"150 000"，观察图表有无变化。

操作步骤如下：

① 选择数据，选择"插入→柱形图→簇状柱形图"，选择布局 3。如图 5.4.15 和图 5.4.16 所示。

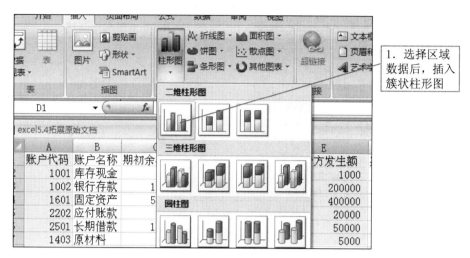

图 5.4.15　插入柱形图

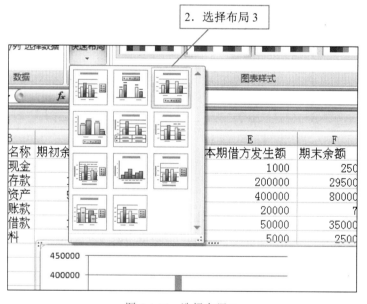

图 5.4.16　选择布局 3

② 修改簇状柱形图为"带数据标记的堆积折线图"，并添加一系列"期初余额"，如图 5.4.17 ～ 图 5.4.19 所示。

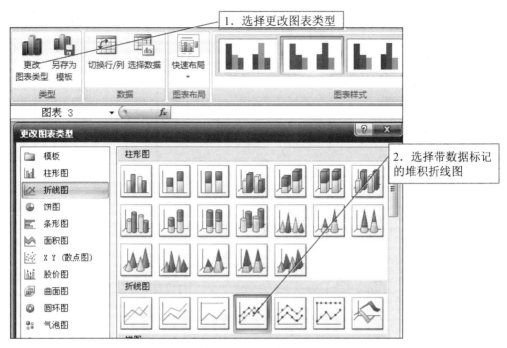

图 5.4.17 堆积折线图

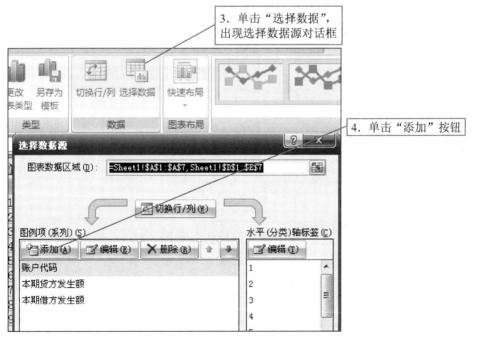

图 5.4.18 添加系列

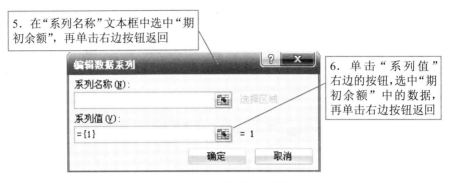

5. 在"系列名称"文本框中选中"期初余额"，再单击右边按钮返回

6. 单击"系列值"右边的按钮，选中"期初余额"中的数据，再单击右边按钮返回

图 5.4.19　编辑数据系列

③ 设置图表标题为"试算平衡表"并增加 X 轴的主要网格线，如图 5.4.20 所示。

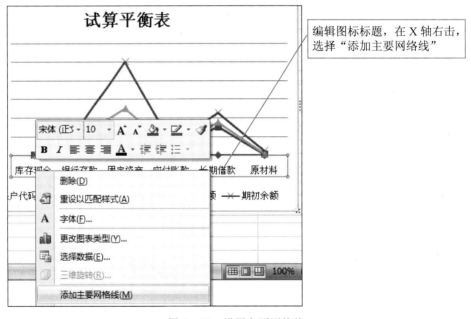

编辑图标标题，在 X 轴右击，选择"添加主要网络线"

图 5.4.20　设置主要网格线

④ 在图表空白区域右击，选择"设置图表区格式"，如图 5.4.21 ～图 5.4.23 所示。

【知识宝库】

1. 预定义图表布局

（1）单击要设置格式的图表。

（2）提示会显示"图表工具"，并添加"设计"、"布局"和"格式"选项卡。

（3）在"设计"选项卡上，在"图表布局"组中，单击要使用的图表布局。

（4）提示：如果 Excel 窗口的大小缩小，则"图表布局"组的"快速布局"库中将提供图表布局。提示要查看所有可用的布局，请单击"更多" ▾。

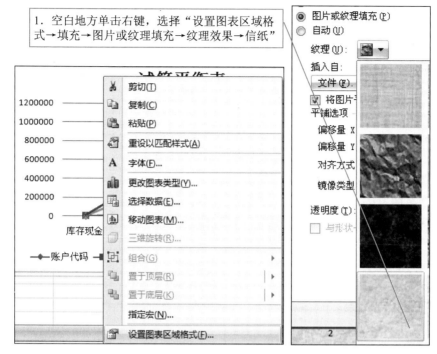

图 5.4.21　填充图表区

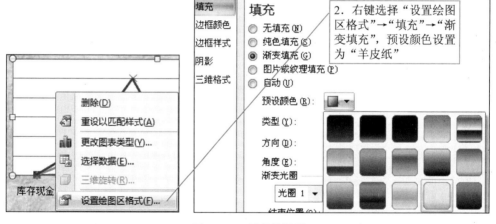

图 5.4.22　填充绘图区

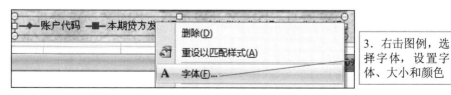

图 5.4.23　设置字体格式

2. 预定义图表样式

（1）单击要设置格式的图表。

（2）提示会显示"图表工具"，并添加"设计"、"布局"和"格式"选项卡。

（3）在"设计"选项卡上，在"图表样式"组中单击要使用的图表样式。

（4）提示：要查看所有预定义图表样式，请单击"更多" ▾ 。

【疑难解答】

（1）需要插入图表时，为什么原来在 2003 中自定义类型中的双坐标轴的图表没有了？

答：先在同一个坐标里做两个曲线图，然后右键点击其中一个曲线，选择"设置数据系列格式"，然后再选择"次坐标轴"，此时就是双坐标轴了。

（2）为什么图表从 Excel 2007 里复制到 PowerPoint 2007 里会变呢？

答：从 Excel 将图表粘贴到 PowerPoint 时，在图表的右下角会出现一个小图标，点开后选择"保留源格式"，再重新调整图表的大小和位置。

【体验活动】

操作如下：打开素材中的"某股票资料.xlsx"工作簿，完成以下操作：

（1）根据所给的某股票一周数据做一个"股价图"，图表子类型为"成交量→开盘→盘低→盘高→收盘"。

（2）设置图表区格式。调整绘图区域的尺寸，为图表区上部留出一定空间，以便插入图表标题；在图表区上部插入一横排文本框，输入文字"股票图"，字体为隶书，字号为 2。

（3）设置填充为"渐变填充"，其参数为默认参数；设置边框样式为"圆角"，其他参数为默认参数。

（4）设置绘图区格式。对左侧的纵坐标轴"添加次要网格线"；为绘图区内的系列"成交量"添加一条"多项式"趋势线。

任务 5.5　排序筛选汇总

【任务说明】

小梅的爸爸要小梅帮忙统计工资，并把工资表里的信息整理。小梅一看，正好能用到学过的函数、排序、筛选和汇总，她摩拳擦掌，跃跃欲试。

【任务目标】

任务 1：在"排序"工作表中以"实发工资"为主关键字（降序），以"基本工资"为次关键字（降序）排序，如图 5.5.1 所示。

任务 2：在"自动筛选 1"工作表中筛选出基本工资超过 6 000 的记录，如图 5.5.2 所示。

任务 3：在"自动筛选 2"工作表中筛选出姓何的记录，如图 5.5.3 所示。

	A	B	C	D	E	F	G	H
1	编号	姓名	部门	基本工资	奖金	扣款	实发工资	
2	326	沈晓芸	业务部	6848	660	488	7020	
3	326	何清茹	后勤部	6848	660	488	7020	
4	203	孙楠	开发部	6947	700	651	6996	
5	138	林海峰	业务部	6930	664	658	6936	
6	103	刘晓萍	开发部	6552	750	633	6669	
7	162	何利	开发部	6538	711	580	6669	
8	162	吕佳艳	技术部	6538	711	580	6669	
9	351	李金	技术部	6450	805	733	6522	
10	351	何智华	业务部	6450	805	733	6522	
11	236	钱玮琳	技术部	5649	652	653	5648	
12	103	罗子明	开发部	5462	750	635	5577	
13	107	陆小岚	技术部	5295	725	551	5470	
14	107	赵飞洋	技术部	5250	725	551	5424	
15	129	宋小燕	技术部	5251	580	454	5377	
16	236	胡小亮	技术部	5378	652	653	5377	
17	127	俞飞	业务部	5040	823	710	5153	
18	127	张广萍	开发部	4676	823	710	4789	
19	129	叶志荣	开发部	4130	580	465	4245	
20	203	汪洋	后勤部	2800	700	651	2849	
21	138	朱广强	后勤部	2506	664	658	2512	
22								

图 5.5.1　关键字排序

	A	B	C	D	E	F	G	H
1	编号	姓名	部门	基本工资	奖金	扣款	实发工资	
5	351	李金	技术部	6450	805	733	6522	
6	162	何利	开发部	6538	711	580	6669	
9	326	沈晓芸	业务部	6848	660	488	7020	
12	103	刘晓萍	开发部	6552	750	633	6669	
15	351	何智华	业务部	6450	805	733	6522	
16	162	吕佳艳	技术部	6538	711	580	6669	
17	138	林海峰	业务部	6930	664	658	6936	
19	326	何清茹	后勤部	6848	660	488	7020	
21	203	孙楠	开发部	6947	700	651	6996	
22								
23								

图 5.5.2　筛选记录

	A	B	C	D	E	F	G	H
1	编号	姓名	部门	基本工资	奖金	扣款	实发工资	
6	162	何利	开发部	6538	711	580	6669	
15	351	何智华	业务部	6450	805	733	6522	
19	326	何清茹	后勤部	6848	660	488	7020	
22								
23								
24								

图 5.5.3　自动筛选

任务 4：在"自动筛选 3"工作表中筛选出技术部奖金超过 700 的记录，如图 5.5.4 所示。

任务 5：以部门为分类字段对实发工资求和，如图 5.5.5 所示。

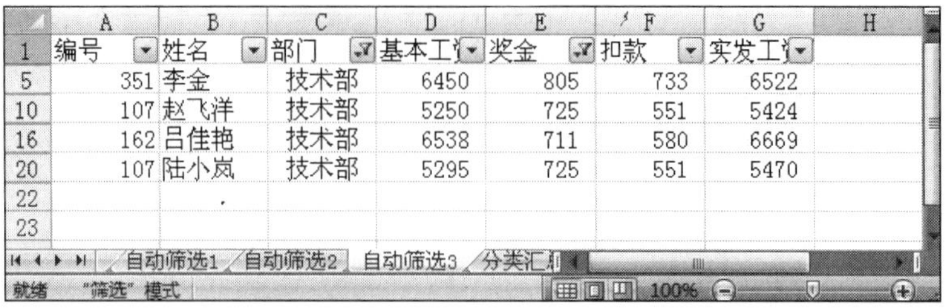

图 5.5.4　自动筛选

图 5.5.5　分类汇总

【实施步骤】

任务 1 操作方法：

在"排序"工作表中选中所有数据，在菜单中单击"数据→排序"命令，选择主关键字为"实发工资"，排序依据为"数值"，次序为"降序"；添加条件：选择次关键字为"基本工资"，排序依据为"数值"，次序为"降序"，单击"确定"按钮，如图 5.5.6 所示。

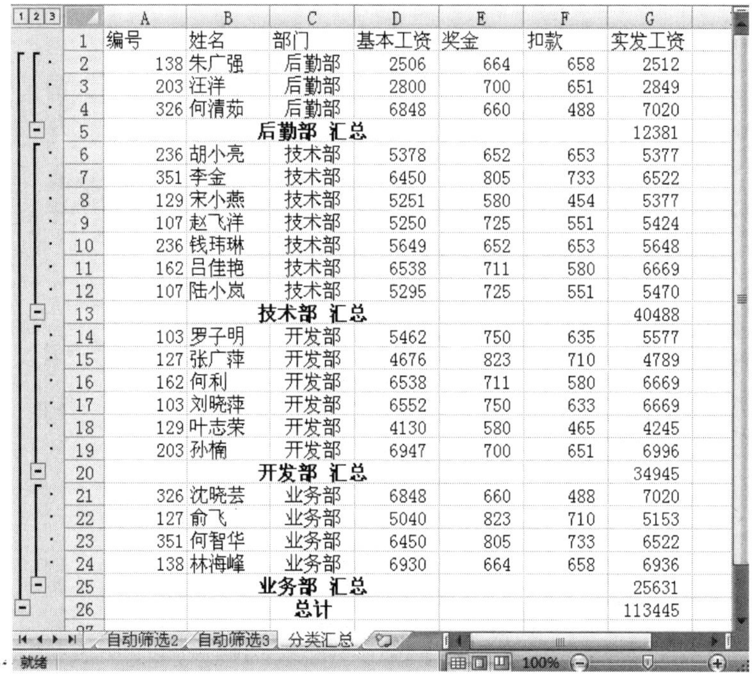

任务 2 操作方法：

在"自动排序 1"工作表中选中"基本工资"列，在菜单中单击"数据→筛选"命令，单击列标题中的下拉箭头，选择"数字筛选"→"大于或等于"，输入"6 000"，单击"确定"按钮，如图 5.5.7 所示。

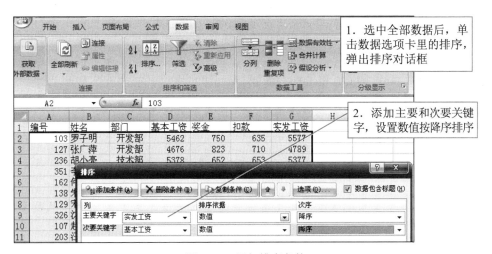

图 5.5.6 添加排序条件

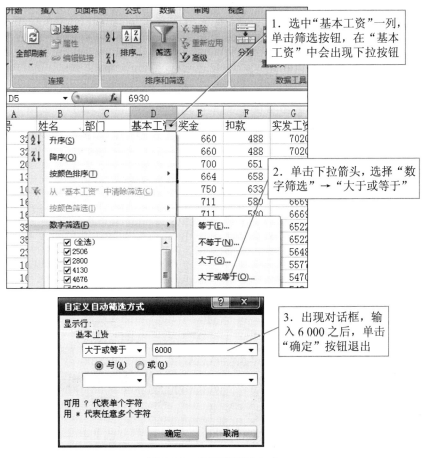

图 5.5.7 自定义筛选方式

任务 3 操作方法：

在"自动筛选 2"工作表选中"姓名"列，在菜单中选择"数据→筛选"命令，单击列标题中的下拉箭头，选择"开头是"，输入"何"，单击"确定"按钮，如图 5.5.8 所示。

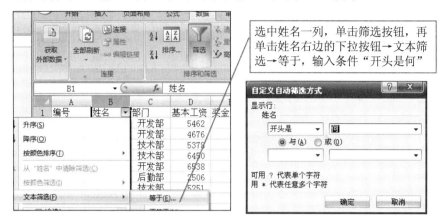

图 5.5.8　自定义筛选

任务 4 操作方法：

① 在"自动筛选 3"工作表中选中所有数据，在菜单中选择"数据→筛选"命令，单击"部门"列标题中的下拉箭头，除"技术部"外，取消其他勾选项。

② 单击"奖金"列标题中的下拉箭头，选择"大于或等于"，输入"700"，单击"确定"按钮，如图 5.5.9 所示。

图 5.5.9　按"奖金"的范围筛选

任务 5 操作方法：

① 在"分类汇总"工作表中先以"部门"为主关键字（升序或降序）排序，如图 5.5.10 所示。

图 5.5.10　按"部门"升序

② 选中所有数据，在菜单中选择"数据→分类汇总"命令，选择分类字段为"部门"，汇总方式为"求和"，选定汇总项为"实发工资"，单击"确定"按钮，如图 5.5.11 所示。

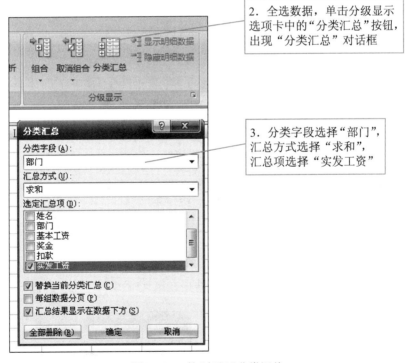

图 5.5.11　按"部门"分类汇总

【技能拓展】

操作准备：

① 在"高级筛选 1"中的第 1 行前插入 3 行空白行，在前两行输入筛选条件为：幼儿心理学大于等于 80 与美术大于等于 80，并将结果在第 45 行以下区域显示筛选结果。

② 在"高级筛选 2"中的第一行前插入三行空白行，在前两行输入筛选条件为：舞蹈不及

格或音乐不及格,并将结果在第 45 行以下区域显示筛选结果。

操作步骤如下:

① 选择第 1 列插入 3 行,输入筛选条件,将结果在第 45 行以下区域,如图 5.5.12 和图 5.5.13 所示。

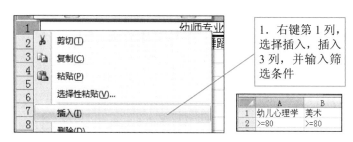

图 5.5.12　高级筛选"与"条件

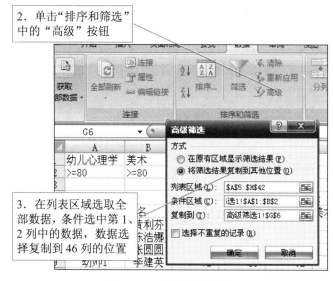

图 5.5.13　高级筛选操作

② 选择第 1 列插入 3 行,输入筛选条件,将结果在第 45 行以下区域,如图 5.5.14 所示。

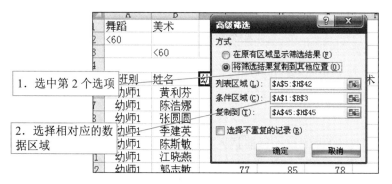

图 5.5.14　"或"条件及筛选操作

【知识宝库】

在按升序排序时，Microsoft Office Excel 使用如表 5-2 所示排序次序。在按降序排序时，则使用相反的次序。

表 5-2 排序次序

值	注 释
数字	数字按从最小的负数到最大的正数进行排序
日期	日期按从最早的日期到最晚的日期进行排序
文本	字母数字文本按从左到右的顺序逐字符进行排序。例如，如果一个单元格中含有文本"A100"，Excel 会将这个单元格放在含有"A1"的单元格的后面、含有"A11"的单元格的前面。 文本以及包含存储为文本的数字的文本按以下次序排序： ·0 1 2 3 4 5 6 7 8 9（空格）! " # $ % & ( ) * , . / : ; ? @ [\ ] ^ _ ` {	} ~ + < = > A B C D E F G H I J K L M N O P Q R S T U V W X Y Z ·撇号 (') 和连字符 (-) 会被忽略。但例外情况是：如果两个文本字符串除了连字符不同外其余都相同，则带连字符的文本排在后面。 注释：如果已通过"排序选项"对话框将默认的排序次序更改为区分大小写，则字母字符的排序次序为：a A b B c C d D e E f F g G h H i I j J k K l L m M n N o O p P q Q r R s S t T u U v V w W x X y Y z Z
逻辑	在逻辑值中，False 排在 True 之前
错误	所有错误值（如 #NUM! 和 #REF!）的优先级相同
空白单元格	无论是按升序还是按降序排序，空白单元格总是放在最后。 注释：空白单元格是空单元格，它不同于包含一个或多个空格字符的单元格

【疑难解答】

1. Excel 2007 排序窗口为何越来越大呢？请问如何解决？

答：排序窗口右下角可以改变大小。每改一次大小，下次就会按原来的大小打开，或者按住 Ctrl+ 滚轮能放大缩小。

2. Excel 2007 英文版中能不能将中文和数字混合排序？

答：点击右上角的圆圈，找到最下面的 Excel 选项（Options）。点开后下面有一个 Language Setting。点击以后下面有一个编辑语言的选项，改成中文就行了。

【体验活动】

打开素材中的"幼师专业期中考试成绩总表 .xlsx"工作簿，完成以下操作后在指定路径存盘。

① 在"排序"中将所有记录以总分为主要关键字（降序），班别为次要关键字（升序）排序。

② 在"自动筛选 1"中筛选平均分不及格的记录。

③ 在"自动筛选 2"中筛选各科分数都超过 75（含 75）分的记录。

④ 在"自动筛选 3"中筛选"幼师 2"班平均分为 90 以上的记录。

⑤ 在"汇总 1"中，以"班别"为分类字段，以"总分"为汇总项进行求和汇总。

⑥ 在"汇总 2"中，以"班别"为分类字段，以"幼儿心理学"、"舞蹈"、"音乐"和"美术"分为汇总项进行平均值汇总。

单元 6

走进多媒体世界

——多媒体软件的应用

【情景故事】

> 小梅经过前面的学习，学习了很多计算机知识，在掌握文字处理、电子表格等操作之后，对计算机的多媒体应用越来越感兴趣。带着好奇，小梅开始探索录音、音频、视频、图像处理等多媒体应用软件的学习。

【单元说明】

本单元主要通过应用计算机录音、图像等学习，掌握音频、视频等多媒体软件的应用技巧。

【技能目标】

（1）掌握计算机录音操作。

（2）掌握音频格式转换的工具应用。

（3）掌握图形图像处理软件的基础应用。

（4）掌握会声会影进行编辑视频文件的操作。

任务 6.1 应用计算机录音机

【任务说明】

本任务利用系统自带的录音机程序，完成声音的录制及简单的音频处理。要求系统配有麦克风和音箱，或配有耳机、麦克风套件。

【任务目标】

（1）利用系统自带的录音机程序，完成一段简短的录音，并为该录音增加一段背景音乐。

（2）了解多媒体的文件格式。

【实施步骤】

第1步：启动录音机程序。单击"开始→所有程序→附件→录音机"命令，打开录音机程序，如图 6.1.1 所示。

第2步：录制声音并保存声音文件。

（1）单击"录音键"开始录音，对着麦克风读出如下内容：

"我叫杨小梅，是培杰职中 1011 班的学生，1995 年 1 月 11 日出生在广东。我喜欢计算机、音乐、舞蹈，现在担任班上的学习委员。"

（2）朗读完毕，单击"停止键"停止录音，得到一段长度约 17 秒的录音。

（3）单击播放键、起始键、结尾键等试听录制的声音。

（4）单击"文件→保存"命令，将录音文件保存在"D:\计算机应用基础 \ 单元 6"，并命名为"小梅简介 .wav"，如图 6.1.2 所示。声音录制完成。

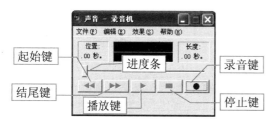

图 6.1.1 录音机程序

图 6.1.2 保存录音文件

📨 小贴士

录音机程序录制的声音文件默认格式为声波文件格式，扩展名为 .wav。在录制过程中，录音机程序还形象地模拟呈现出声音波形的变化。

第 3 步：截取一段音乐作为背景。

（1）启动录音机程序，单击"文件→打开"命令，选择素材中的声音文件"童年 (Childhood).mp3"。

（2）截取 17 秒的音乐。将进度条拖到约 17 秒的位置，单击"编辑"→"删除当前位置以后的内容"，并保存为"D:\计算机应用基础 \ 单元 6\ 背景 1.wav"。如图 6.1.3 所示。

图 6.1.3 截取一段音乐

 小提示

先通过鼠标将进度条拖到大约 16 秒的位置，再利用鼠标滚轮对进度条位置进行微调。

第 4 步：与文件混音。在"背景 1.wav"文件已经打开的情况下，单击"起始键"，将进度条移动开始位置。单击"编辑→与文件混音"命令，选中"小梅简介 .wav"，系统自动完成两个文

件的混音。单击"播放键"试听效果。并另存为"D:\ 计算机应用基础 \ 单元 6\ 带背景音乐的简介 .wav"。

【知识宝库】

1. 基本含义

媒体是指文字、声音、图像、动画和视频等信息载体，媒体可归结为三种基本类型：声音、图像、文本。多媒体是指能够同时对两种或者两种以上媒体进行采集、操作、编辑、存储等综合处理技术，其特点是具有交互性和集成性、实时性、多样性。多媒体个人计算机（Mulimedia Personal Computer，MPC）是指具有多媒体处理能力的 PC，目前，MPC 的标准在不断地提高。

2. 常见的多媒体文件格式

请参见表 6-1。

表 6-1 常见多媒体文件格式

类 别	扩 展 名	说 明
声音	.wav	波形文件。记录声波的量化、采样数据，文件比较大
	.mid/.rmi	电子乐器数字接口。记录乐曲演奏的内容，不是实际的声音，文件体积小
图形图像	.bmp	Windows 采用的图形文件格
	.jpg	静态图像文件格式，显示的颜色多，文件较大
	.gif	动态图像文件格式，常用于图形联机交换
	.tiff	二进制文件格式
	.png	图像文件格式
	.wmf	桌面出版系统中常用的图形格式
视频	.avi	Windows 系统中的视频文件标准格式
	.mov	图像质量比 avi 文件要好

3. 多媒体数据压缩

多媒体数据数字化后，数据量庞大，必须经过压缩后才能满足实际需要。压缩分为无损压缩和有损压缩。无损压缩是指压缩后能完全还原压缩前的数据。有损压缩是指压缩后的数据不能完全还原压缩前的数据，损失很多视觉、听觉感知不重要的信息。有损的压缩率高于无损压缩。

常见的多媒体数据处理标准有 JPEG 标准和 MPEG 标准。

JPEG 标准：静止图像的压缩国际压缩标准。

MPEG 标准：规定声音数据、电视图像数据的编码解码过程、声音数据的同步等问题处理规范。

【疑难解答】

在录音机程序使用过程中，系统经常弹出下列"无足够内存"的提示信息，如图 6.1.4 所示，怎么办？

图 6.1.4　录音机程序的内存不够提示

如果系统是 32 位 Windows XP，且安装了较大的内存，如超过 2 GB 时，使用录音机程序，会碰到这个问题，这是由于录音机程序软件设计的局限造成的。可采用下列操作来解决这个问题：

（1）建立 1 GB 的虚拟硬盘（用内存来虚拟磁盘）。可以利用工具软件来实现虚拟硬盘的建立，例如，用 Ramdisk 工具（见本单元素材）来创建，如图 6.1.5 所示。

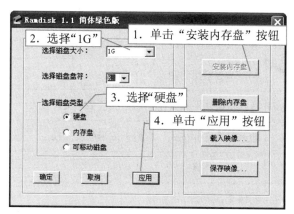

图 6.1.5　用工具软件创建虚拟盘

（2）将 Ram 盘用于系统的页面文件（虚拟内存）。

①右击"我的电脑"，单击"属性"，打开"系统属性"对话框，按此对话框的提示打开虚拟内存对话框。

②设置虚拟内存。

【体验活动】

完成一段声音的录制与处理，具体要求如下：

（1）文字内容：

"与其在别处仰望，不如在这里并肩。用微博，记录身边的事情，记录点点滴滴的感动，这就是 140 个字的碎语人生 ..."

（2）录制后保存为"D:\计算机应用基础 \ 单元 6\ 腾讯微博 .wav"。

（3）将录制好的声音加入回音效果，并在本段声音前加入任务 1 中录制好的声音"小梅简介 .wav"。从"童年 (Childhood).mp3"文件中选取合适的长度作为背景音乐，贯穿在声音播放过程。最后结果保存为"D:\ 计算机应用基础 \ 单元 6\ 综合 .wav"。

任务 6.2 制作照片相框效果

【任务说明】

本任务熟练 Photoshop 进行相片处理的常见操作。

【任务目标】

（1）掌握 Photoshop 打开图片文件。

（2）掌握使用 Photoshop 的移动工具、选取工具、文字工具的应用。

（3）掌握使用 Photoshop 选择菜单的反向（反选）、羽化的操作。

（4）掌握使用 Photoshop 编辑菜单的填充操作。

（5）掌握使用 Photoshop 进行"文件另存为"操作。

【实施步骤】

第 1 步：单击"开始→程序→ Adobe Photoshop CS3"命令，启动 Photoshop CS3，并单击"文件→打开"命令，如图 6.2.1 所示。

第 2 步：打开素材中的 jpg 文件，如图 6.2.2 所示。

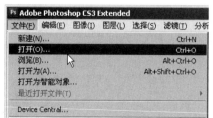

图 6.2.1 单击"打开"命令

图 6.2.2 单击"打开"命令

第 3 步：选择"椭圆选框工具"，如图 6.2.3 所示。

第 4 步：画一个椭圆选区，如图 6.2.4 所示。

图 6.2.3　选择"椭圆选框工具"

图 6.2.4　画一个椭圆选区

第 5 步：单击"选择→修改→羽化"命令，如图 6.2.5 所示。

第 6 步：羽化选区为 5 像素，如图 6.2.6 所示。

图 6.2.5　单击"羽化"命令

图 6.2.6　羽化选区为 5 像素

第 7 步：单击"选择→反向"命令，如图 6.2.7 所示，执行后的反选效果，如图 6.2.8 所示。

第 8 步：单击"编辑→填充"命令，如图 6.2.9 所示。

第 9 步：使用自定义图案进行填充，如图 6.2.10 所示。

第 10 步：填充后的效果，如图 6.2.11 所示。

第 11 步：单击"选择→取消选择"命令，如图 6.2.12 所示。

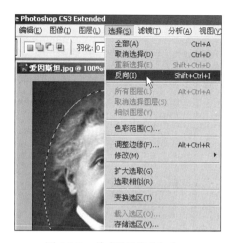

图 6.2.7　单击"反向"命令

图 6.2.8　反选效果

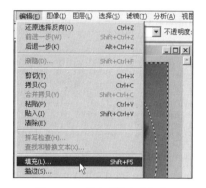

图 6.2.9　单击"填充"命令

图 6.2.10　使用自定义图案进行填充

图 6.2.11　填充后的效果

图 6.2.12　单击"取消选择"命令

第 12 步：选择"横排文字工具"，在图像上单击，并输入文字，如图 6.2.13 所示。

第 13 步：选择"移动工具"，移动文字到图像右下角，如图 6.2.14 所示。

图 6.2.13　并输入文字　　　　　　　　　　图 6.2.14　移动文字

第 14 步：单击"文件→存储为"命令，输入文件名，单击"保存"按钮，完成文件的保存，生成 psd 文件，如图 6.2.15 所示。

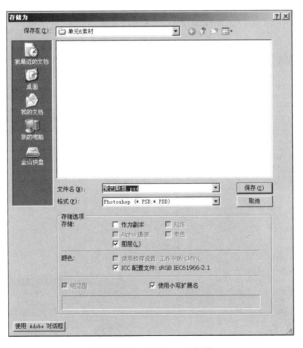

图 6.2.15　生成 psd 文件

第 15 步：单击"文件→存储为"命令，输入文件名，选择 JPEG 文件格式，单击"保存"按钮，完成文件的保存，生成 JEPG 文件，如图 6.2.16 所示。

图 6.2.16　生成 JEPG 文件

 小贴士

　　图像文件包括很多种格式，常见的 BMP、JPG（JPEG）、GIF、PSD 等格式。

【体验活动】

选择一些你喜欢的图像，为图像设计各种精彩有相框。

任务 6.3　音频格式转换

【任务说明】

本任务掌握用 TTPlayer 千千静听进行音频格式转换。

【任务目标】

（1）掌握使用 TTPlayer 千千静听打开音频文件。

（2）掌握使用 TTPlayer 千千静听选取工具的应用。

（3）掌握使用 TTPlayer 千千静听进行文件格式转换的操作。

【实施步骤】

第 1 步：单击"开始→程序→ TTPlayer 千千静听"，启动 TTPlayer 千千静听，并单击"添加→文件"命令，如图 6.3.1 所示。

第 2 步：打开素材中的 wav 文件，如图 6.3.2 所示。

图 6.3.1 单击"添加"命令

图 6.3.2 单击"打开"命令

注意：按住鼠标左键拖动可以选择多个文件。

第 3 步：选中一个要转换的文件如"小梅简介 .wav"，如图 6.3.3 所示。

第 4 步：在选中要转换的音频文件上右击弹出菜单，选择"转换格式"，如图 6.3.4 所示。

图 6.3.3 选择音频文件

图 6.3.4 转换格式

第 5 步："转换格式"对话框，如图 6.3.5 所示。

第 6 步：选择输出格式，如"MP3 编码器"，如图 6.3.6 所示。

图 6.3.5 输出格式　　　　　　　　图 6.3.6 选择"MP3 编码器"输出格式

第 7 步：选定目标文件夹等选项，单击"立即转换"按钮就开始转换了。然后再到目标文件夹下查看转换结果，如图 6.3.7 所示。

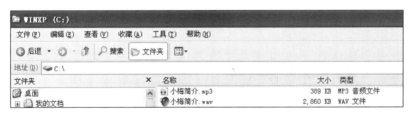

图 6.3.7 转换结果

wav 格式的文件"小梅简介 .wav"转换为 mp3 格式的文件"小梅简介 .mp3"后，文件的大小由原来的 2 860 KB 缩小到 389 KB，效果上听不出有什么区别。这种转换大大地节约了存储空间，这正是我们在很多场合下所追求的。在实际应用中，我们可以根据需要使用 TTPlayer 千千静听来实现各种格式的互相转换。

小贴士

声音文件包括很多种格式，常见的有 Wave 文件 (.WAV)、Module 文件 (.MOD)、MPEG 文件 (.MP3)、RealAudio 文件 (.RA)、MIDI 文件 (.MID/.RMI)、Voice 文件 (.VOC)、Sound 文件 (.SND)、Audio 文件 (.AU)、AIFF 文件 (.AIF)、CMF 文件 (.CMF) 等格式。

【体验活动】

选择一些你喜欢的声音文件转换为其他格式的文件，看看转换前后文件大小有什么变化，听听音质有什么变化。

任务 6.4　播放音频和视频

【任务说明】

本任务熟练应用百度下载暴风影音播放器，学会使用暴风影音播放器播放音乐或视频等操作。

【任务目标】

（1）掌握暴风影音的下载与安装。

（2）掌握使用暴风影音播放音乐的操作。

（3）掌握使用暴风影音播放视频的操作。

【实施步骤】

第 1 步：打开 IE（Internet Explorer），在地址栏中输入 http://www.baidu.com，搜索"暴风影音下载"，如图 6.4.1 所示。

> 小贴士
>
> 暴风影音是一种播放器，本任务练习使用暴风影音播放器，除暴风影音播放器以外，还有很多其他的播放器。

第 2 步：单击"官方下载"按钮，把暴风影音安装文件下载到本地计算机中，如图 6.4.2 所示。

图 6.4.1　搜索"暴风影音下载"　　　　图 6.4.2　将暴风影音安装文件下载到本地计算机中

> 小贴士
>
> 下载时一定要注意软件下载保存的位置，例如，这里下载保存在"D:\download"文件夹。

第 3 步：打开暴风影音安装文件"storm2011.exe"，如图 6.4.3 所示。

第 4 步：根据安装向导提示，连续单击"下一步"按钮，等待暴风影音安装，如图 6.4.4 所示。

第 5 步：出现安装完成提示，单击"完成"按钮，如图 6.4.5 所示。

第 6 步：执行暴风影音后，可播放音频和视频，暴风影音界面包括播放区、播放列表、在线视频等，如图 6.4.6 所示。

第 7 步：单击播放列表下的 + 号，可以打开要播放的音频文件或视频文件，如图 6.4.7 所示。

图 6.4.3 执行暴风影音安装文件

图 6.4.4 等待暴风影音安装

图 6.4.5 单击"完成"按钮

图 6.4.6 暴风影音界面

图 6.4.7 单击播放列表下的 + 号

第 8 步：打开一首 mp3 音频文件，如图 6.4.8 所示。

图 6.4.8 打开一首 mp3

小贴士

如果计算机中没有音频文件（内容一般是音乐或录音），可以上网下载。

第 9 步：播放音频文件，听到音乐，如图 6.4.9 所示。

图 6.4.9　播放音频文件

第 10 步：打开一首视频文件，播放视频文件，查看视频效果，如图 6.4.10 所示。

图 6.4.10　播放视频文件

小贴士

（1）音频文件格式有很多种，常见的音频文件有 WAV、MP3、MID 等。

（2）视频文件格式有很多种，常见的视频文件有 MPEG、AVI、RM、ASF、WMV、RMVB、FLV 等。

【体验活动】

运用百度下载你喜欢的音乐，试用暴风影音播放。

任务 6.5　制作视频短片

【任务说明】

本任务使用 Ulead VideoStudio 10，制作一段视频短片，学习 Ulead VideoStudio 10 制作视频的视频素材处理、字幕加工、转场效果插入、影片音乐配置等技能操作。

【任务目标】

（1）掌握会声会影的编辑器应用技能。

（2）掌握视频的插入、剪辑效果处理技能。

（3）掌握标题字幕处理技能。

（4）掌握图像素材加载进行影视编辑技能。

（5）掌握视频音频处理技能。

【实施步骤】

第 1 步：单击"开始→程序→ Ulead VideoStudio 10 → Ulead VideoStudio 10"，启动会声会影 10，选择会声会影编辑器，如图 6.5.1 所示。

图 6.5.1　启动会声会影 10

第 2 步：进入会声会影编辑器环境，确认各区的位置，如图 6.5.2 所示。

 小贴士

会声会影编辑器环境主要有功能菜单栏、预览窗口、素材库窗口、轨道区等。

图 6.5.2 会声会影编辑器

第 3 步：选择一个视频素材，拖动到轨道上，如图 6.5.3 所示。

图 6.5.3 把视频素材拖动到下方的视频轨中

第4步：打开图像素材库，选择一个图像素材，拖动到视频轨中，如图 6.5.4 所示。

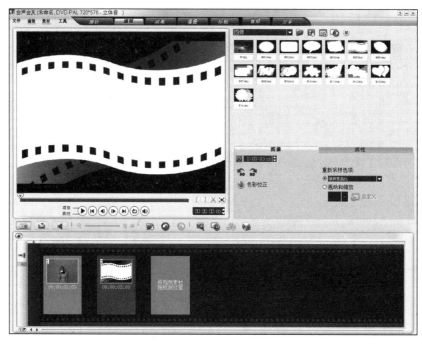

图 6.5.4　添加到视频轨中

第5步：选择标题素材库，选中一个标题素材，在预览窗口中，会出现"双击这里可以添加标题"，如图 6.5.5 所示。

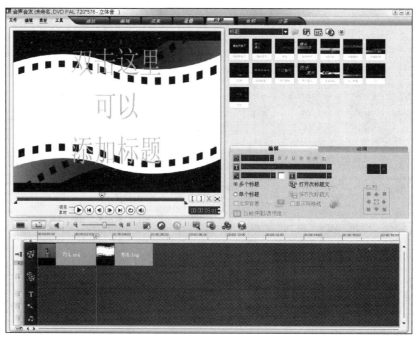

图 6.5.5　添加标题

第 6 步：输入标题内容，如图 6.5.6 所示。

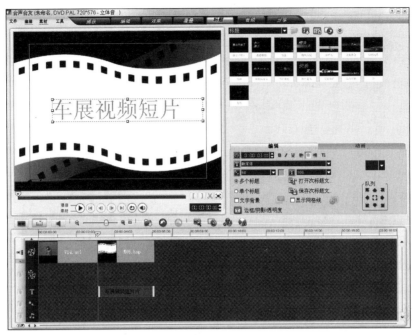

图 6.5.6　输入标题文本

第 7 步：编辑标题的文本格式、队列，设置标题的动画效果，如图 6.5.7 和图 6.5.8 所示。

图 6.5.7　编辑标题队列　　　　　　　　　图 6.5.8　启用标题动画

第 8 步：打开图像素材库，执行加载图像命令，如图 6.5.9 所示。

第 9 步：打开图像文件，如图 6.5.10 所示。

第 10 步：完成图像素材加载后的效果，如图 6.5.11 所示。

第 11 步：选择效果素材库，如图 6.5.12 所示。

第 12 步：打开滑动转场效果库，如图 6.5.13 所示。

第 13 步：选择一个转场效果，如图 6.5.14 所示。

第 14 步：把选中的转场效果插入到视频轨中的两个图像之间，如图 6.5.15 所示。

第 15 步：打开音频素材库，如图 6.5.16 所示。

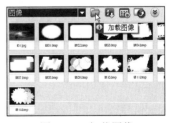

图 6.5.9　加载图像

图 6.5.10 选择图像

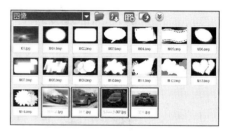

图 6.5.11 图像已加载

图 6.5.12 选择效果

图 6.5.13 选择喜欢的效果

图 6.5.14 选择转场

图 6.5.15 把转场插入到两个图像之间

图 6.5.16 选择音频

第 16 步：添加音频素材到音乐轨，如图 6.5.17 所示。

第 17 步：打开分享功能，如图 6.5.18 所示。

图 6.5.17　把音频素材添加到音乐轨　　　　图 6.5.18　选择分享

第 18 步：单击创建视频文件，选择创建的视频文件格式，如图 6.5.19 所示。

 小贴士

常见的视频格式有许多，其中容量较小的可以选择 WMV、MPEG 等。

第 19 步：输入要创建的视频文件名，如图 6.5.20 所示。

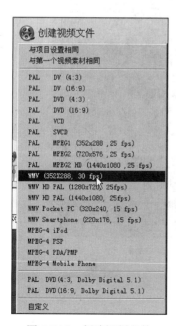

图 6.5.19　创建视频文件　　　　　　　　图 6.5.20　输入文件名

第20步：确定要创建的视频文件名后，单击"保存"按钮进行渲染，如图6.5.21所示。

图 6.5.21　正在渲染

第21步：在预览区预鉴视频效果，如图6.5.22所示。

图 6.5.22　在编辑器中预览视频

第22步：打开已创建的视频文件所在文件夹，如图6.5.23所示。

图 6.5.23 生成的视频文件

第 23 步：使用一种播放器打开刚创建的视频文件，如图 6.5.24 所示。

图 6.5.24 播放生成的视频文件

小贴士

会声会影 10 包括视频轨、重叠轨、标题路轨、音频轨、音乐轨，如图 6.5.25 所示。

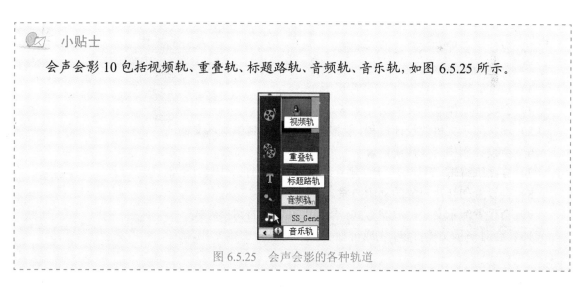

图 6.5.25 会声会影的各种轨道

【体验活动】

选择一个你喜欢的旅游景点，上网搜索该旅游景点的图像、文字等素材，使用会声会影创建一个该旅游景点的宣传短片。

单元 7

制作演示文稿

——PowerPoint 2007 的使用

【情景故事】

　　学生会换届,要招募各部门负责人。仔细看着学生会发出的公告,小梅心里痒痒的,觉得自己能力、兴趣、阅历都符合学习部长的招聘条件,特别是自己的热情与责任心尤为突出,班主任刘老师都多次表扬了小梅同学。小梅决定参加竞选演讲。演讲是规定时间的,怎样才能通过短短的几分能让更多的同学们了解自己、了解自己的"施政纲领"? 小梅想到了用 PowerPoint 2007 制作演示文稿,使自己的演讲更清楚、更精彩……

【单元说明】

　　本单元通过两个 PPT 实例设计的逐步演进,学习 PowerPoint 2007 的基本使用,包括演示文稿的创建、编辑、播放,幻灯片的设计、各种媒体的运用等有关技能,并对演示文稿的设计过程有比较全面的了解。

【技能目标】

（1） 会使用多种方法新建演示文稿。

（2） 熟练编辑演示文稿。

（3） 熟练编辑、设计、使用幻灯片母版页。

（4） 会设计制作演示文稿的导航条。

（5） 理解演示文稿的设计过程,能根据文案内容制作演示文稿。

（6） 会设计制作幻灯片模板。

（7） 会熟练编辑、设计幻灯片、建立超链接、在幻灯片中使用各种内置对象和外部对象。

（8） 会设置幻灯片对象的动画方案。

（9） 会设置演示文稿的放映方式,合理设置灯片的切换方式。

（10） 会对演示文稿打包,生成可独立播放的演示文稿文件。

任务 7.1　演示文稿的基本操作

【任务说明】

　　小梅要参加学生会学习部长竞选,准备了一份竞争演说提纲。为提高演说效果,用

PowerPoint 2007（以下简称 PPT 2007 或 PPT）设计演示文稿，将要点呈现给听众。

小梅准备了一个简要的演说提纲，作为 PPT 的制作文案。内容如下：

学生会学习部长演说稿（提纲）

1001 班杨小梅

标题：我的能力 您的慧眼

一、认识杨小梅 二、假如我当选 三、选我选对了

1．魅力小梅 1．将学习变为乐趣 1．你的一票我最需要

2．自信小梅 2．与姊妹职校交流 2．用精彩回馈你的信

3．勤奋小梅 3．丰富的学习生活 3．选举日期地点

根据上述文案制作完成的"小梅演说稿 .pptx"有 4 张幻灯片，如图 7.1.1 所示。

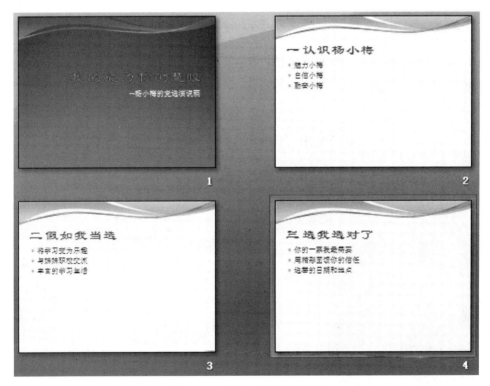

图 7.1.1　任务 1 四张灯片效果

【任务目标】

（1）会启动、退出 PowerPoint 2007，熟悉其工作界面。

（2）熟练地新建、保存、修改、播放、发布演示文稿。了解打包成 CD 后生成的文件含义。

（3）会利用模板来新建演示文稿，理解文本、图片占位符的含义及基本使用。

（4）能在幻灯片熟练地输入内容，设置图片的样式。

（5）能熟练地管理幻灯片，包括复制、移动、删除幻灯片。

（6）会使用不同的视图方式浏览演示文稿。

（7）理解演示文稿的基本制作流程，能根据文案内容制作简单的演示文稿并发布。

【实施步骤】

第 1 步：启动 PowerPoint 2007。如图 7.1.2 中标注的 1～4 步操作所示，完成 PowerPoint 2007 的启动。

图 7.1.2　启动 PowerPoint 2007

第 2 步：认识 PowerPoint 工作界面。启动进入工作主界面，如图 7.1.3 所示。

第 3 步：新建演示文稿。单击 Office 按钮，再单击菜单项"新建"，弹出"新建演示文稿"对话框，如图 7.1.4 所示。

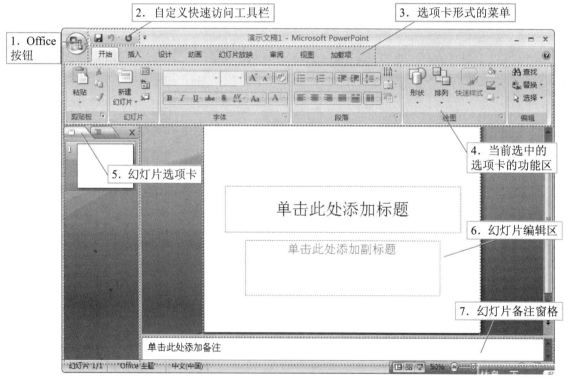

图 7.1.3　PowerPoint 2007 工作界面

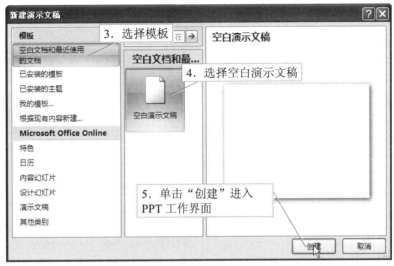

图 7.1.4 创建新的演示文稿

小贴士

默认情况下，PowerPoint 2007 制作的演示文稿文件的扩展名为 .pptx，而 PowerPoint 2003 的演示文稿文件扩展名为 .ppt，两者不能通用。在 PowerPoint 2007 中可以将演示文稿转换为 PowerPoint 2003 格式。

一个演示文稿中用多张幻灯片来呈现丰富多彩的内容，幻灯片是演示文稿设计制作的基本单位，演示文稿设计就是精心设计好每一张灯片，幻灯片之间可以链接跳转，可以进行复制、删除、移动等操作。

第 4 步：制作第一张灯片，保存为"小梅的演说稿件 .pptx"。

（1）在幻灯片编辑区，鼠标单击"单击此处添加标题"，输入演示文稿标题"我的能力 你的慧眼"，并输入副标题"-- 杨小梅的竞选演说稿"，如图 7.1.5 所示。

图 7.1.5 在第一张幻灯片中输入标题

（2）单击保存图标 ，选择保存位置为"D:\ 计算机应用基础 \ 单元 7"，保存为"小梅的演说稿 .pptx"，如图 7.1.6 所示。

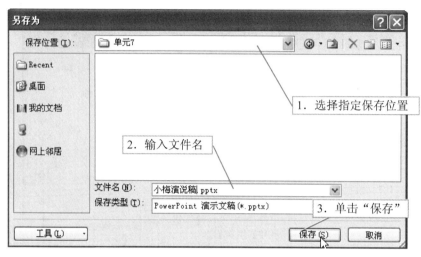

图 7.1.6　保存演示文稿

第 5 步：制作第 2、3、4 张幻灯片。

（1）新加幻灯片。在"幻灯片选项卡"窗格中，右击第 1 张灯片，单击"新建幻灯片"，如图 7.1.7 所示。

（2）编辑新幻灯片。在新增灯片的编辑状态中，可添加标题、文本、表格、图表、图形、图片、剪贴画、媒体视频剪辑等，如图 7.1.8 所示。

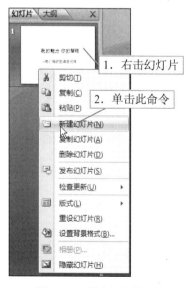

图 7.1.7　新建幻灯片

图 7.1.8　编辑新幻灯片

> 在"单击此处添加标题"输入：一 认识杨小梅
>
> 在"单击此处添加文本"输入：魅力小梅
> 　　　　　　　　　　　　自信小梅
> 　　　　　　　　　　　　勤奋小梅

输入完毕后，幻灯片效果如图 7.1.9 所示。

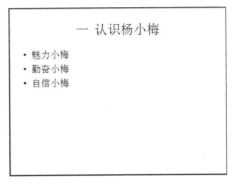

图 7.1.9　第 2 张幻灯片

（3）同（1）～（2）步，分别增加新幻灯片、输入标题和文本，完成第 3、4 张幻灯片的制作。效果如图 7.1.10 所示。

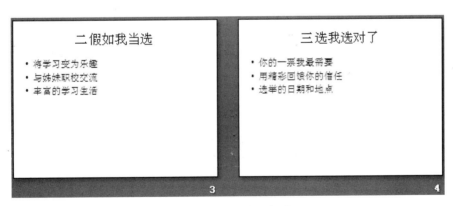

图 7.1.10　第 3、4 张幻灯片

 小提示

单击"幻灯片"选项卡，右击一张灯片，会弹出菜单，实现对幻灯片的各种操作，如幻灯片的新建、复制、剪切、删除等。如图 7.1.11 所示。

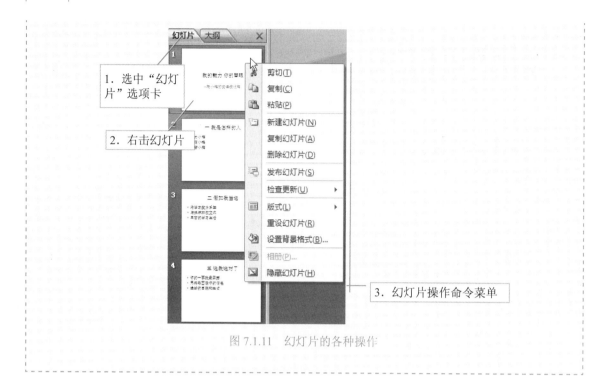

图 7.1.11　幻灯片的各种操作

第 6 步：演示文稿应用"主题"。单击"设计"菜单命令，选中"流畅"主题并单击，将演示文稿所有幻灯片都应用该主题，如图 7.1.12 所示。

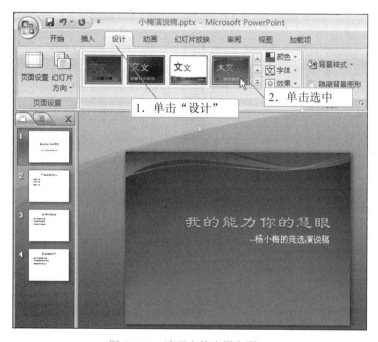

图 7.1.12　演示文稿应用主题

小贴士

PowerPoint 2007 默认安装时，系统中有 20 多种风格主题供选择，当鼠标指向某一主题时，选中的幻灯片会自动呈现为该主题的效果。若单击该主题，所有幻灯片全部应用了该主题风格。主题的应用，能快速增强幻灯片的表现效果。

第 7 步：放映幻灯片，预览效果。单击菜单"幻灯片放映"或者按 F5 键，播放当前演示文稿。如果发现哪张幻灯片不理想，可继续修改。

第 8 步：发布演示文稿。通常可以通过"另存为"、"发布"命令来获得演示文稿制作的最后结果。

（1）另存为 PowerPoint 放映格式。单击 Office 按钮，再单击"另存为"，选择"PowerPoint 放映"，保存为"D:\计算机应用基础\单元 7\小梅演说稿 .pptx"，如图 7.1.13 中标注的 1～6 步操作所示。

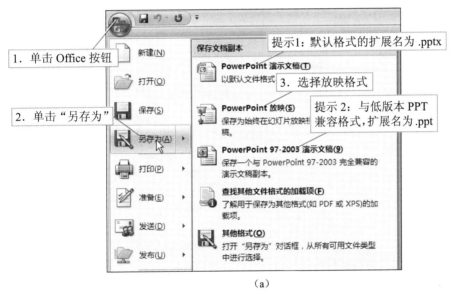

（a）

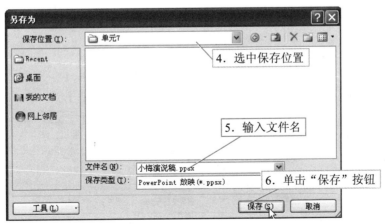

（b）

图 7.1.13 将演示文稿保存为 pptx 格式

> ✏️ 小贴士
>
> 　　在 PowerPoint 2007 中，可另存为多种格式：PowerPoint 放映格式（扩展名 .ppsx）格式，是提供 PowerPoint 2007 播放的文件格式，不能编辑修改；PowerPoint 演示文稿格式（扩展名 .pptx），是演示文稿的源文件，可播放、编辑；PowerPoint97—2003 格式（扩展名 .ppt）是与 PowerPoint 97—2003 兼容的格式，在低版本的 PowerPoint 中也能对其编辑、修改、播放。

（2）打包成 CD，发布成能脱离 PowerPoint 环境播放的演示文稿。打开"小梅的演说稿 .pptx"后，按照如图 7.1.14 ～图 7.1.17 中标注的 1 ～ 7 步操作所示。将演示文稿打包成 CD，并将其保存在"D:\ 计算机应用 \ 单元 7\ 演示文稿 CD"中。

图 7.1.14　打包成 CD（一）

图 7.1.15　打包成 CD（二）

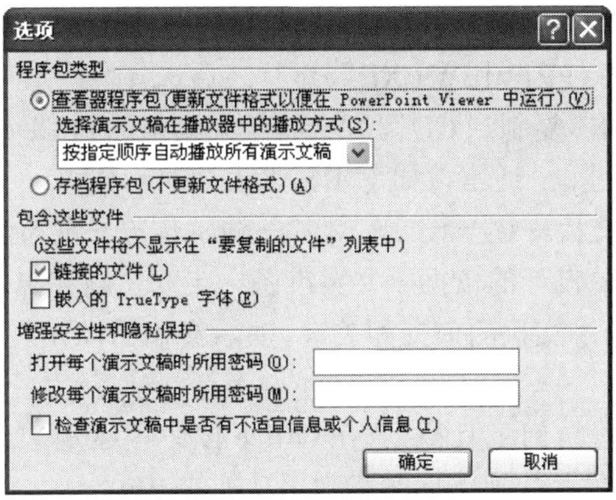

图 7.1.16 打包成 CD(三)

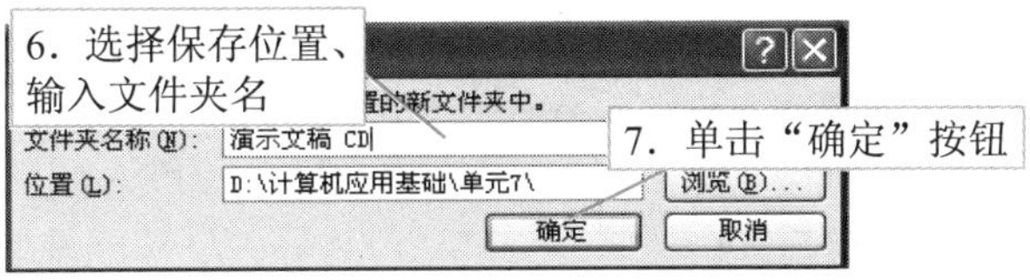

6. 选择保存位置、输入文件夹名

7. 单击"确定"按钮

图 7.1.17 打包成 CD(四)

至此,本任务操作完成。

【知识宝库】

(1)打包成 CD 后生成的结果的内容。

打包成功后,找到目标的保存位置,可发现生成了如图 7.1.18 所示的 15 个文件。

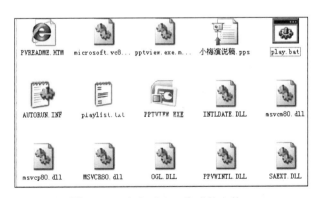

图 7.1.18 打包成 CD 生成的文件

其中,许多文件是脱离 PowerPoint 环境运行所需要支持文件,如扩展名为 .dll 的文件,PPTVIEW.EXE 是 PPT 查看程序,它负责打开 pps 文件,展示演示文稿,play.bat 是一个批处理,调用 PPTVIEW.EXE 打开演示文稿。

要运行演示文稿,可以通过下列方式来实现:

① 直接双击文件 play.bat。

② 直接双击"小梅演说稿 .pps"。

③ 双击 PPT 查看程序"PPTVIEW.EXE",运行之后选择"小梅演说稿 .pps"。

如果在图 7.1.15 中单击"复制到 CD",则会将结果刻录的到 CD 中。

（2）演示文稿的制作过程：通常按如下步骤来设计演示文稿：

准备文案→新建演示文稿→逐一设计幻灯片→演示预览→发布演示文稿

文案的内容是演示文稿设计的依据。文案准备一定要主题突出、内容精彩、条理清晰、要点简明,这是设计一个好的演示文稿的前提和关键,演示文稿的设计要富有创意。

【技能拓展】

（1）设置"自定义快速访问工具栏"。在 Office 按钮旁边是"自定义快速访问工具栏",见图 7.1.3 中的标注 2。它提供了快速访问某将常用功能的方式。

① 快速设置快速访问工具栏。单击 Office 旁的小按钮 ▾,拉出菜单,如图 7.1.19 所示。

请读者自行勾选其中的有关项目,观察工作界面有何变化。

② 将功能区最小化。右击主菜单行,弹出菜单,如图 7.1.20 所示,选择"功能区最小化",则以最小化形式呈现主菜单。

图 7.1.19　自定义快速访问工具栏

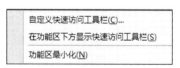

图 7.1.20　选择"功能区最小化"

 小贴士

上述①和②都可方便地实现快速访问工具栏的设置、功能区的设置,是在不同的地方实现相同的操作。

（2）用模板创建演示文稿。

『说明』

PowerPoint 2007 提供了大量的演示文稿的模板,利用模板,可以快速创建自己的演示文稿。

本体验活动是利用已安装的模板"现代型相册"来快速创建一个相册"魅力丽江"。

『准备』

文案：

相册主题：魅力丽江

图片素材：以"魅力丽江"为主题的一些风景图片，并根据图片特点描述图片主题，共8张图，存放在本单元的素材文件夹中。

操作步骤如下：

第1步：利用已经安装的模板"现代型相册"创建演示文稿。单击 Office 按钮，再单击"新建"，打开"新建演示文稿"窗口，如图7.1.21所示。按图中标注的1～3步操作，可迅速创建一个相册的演示文稿。

图 7.1.21 用"现代型相册"模板创建演示文稿

第2步：处理第1张幻灯片。

（1）更换封面照片，输入相册标题。选中第1张幻灯片，删除原来的图片，插入素材中的"恬静古镇"图片，并输入相册标题、详细信息，如图7.1.22中1～3步所示。

图 7.1.22 用"现代型相册"模板创建演示文稿

（2）设置图片样式。单击选中图片，在图片样式中选中"棱泰亚光，白色"，并单击样式，图片呈现了此样式的效果，如图 7.1.23 所示。

图 7.1.23　设置图片样式

第 3 步：处理第 2 张幻灯片。选中第 2 张幻灯片，将图片替换成素材"魅力丽江 \ 穿越岁月 .jpg"，并将图片样式设置为"金属框架"，在文本占位符中输入文字"穿越岁月"，如图 7.1.24 所示。

图 7.1.24　第 2 张幻灯片效果

第 4 步：处理第 3 张幻灯片。模板幻灯片中有三张图，分别用素材中的图片来置换，并设置合适的样式。图片与样式设置如表 7-1 所示。

表 7-1　图片与样式设置

图　　片	替换成新图片	图片样式
图片 1	魅力丽江 \3 心驿小站 .jpg	棱台透视
图片 2	魅力丽江 \4 洋洋喜气 .jpg	映像右透视
图片 3	魅力丽江 \5 丽江之夜 .jpg	棱台左透视，白色

幻灯片的效果如图 7.1.25 所示。

图 7.1.25　第 3 张幻灯片

第 5 步：处理第 4 张幻灯片。将模板幻灯片图片更换为"魅力丽江 \6 山水辉映 .jpg"，图片演示选"柔化边沿矩形"，文字输入"山水辉映"，效果如图 7.1.26 所示。

图 7.1.26　第 4 张幻灯片效果

第 6 步：处理第 6 张幻灯片。将模板幻灯片中的图片按表 7-2 替换，并设置成指定的图片样式。并在文本占位符处输入"四季同存 水天一色 高处胜寒"。效果如图 7.1.27 所示。

表 7-2 替 换 图 片

图 片	替换成新图片	图片样式
图片 1	魅力丽江 \7 四季同存 .jpg	松散透视，白色
图片 2	魅力丽江 \8 水天一色 .jpg	柔化边沿椭圆
图片 3	魅力丽江 \9 高处胜寒 .jpg	棱台矩形

第 7 步：删除相册模板中的第 6 张幻灯片，如图 7.1.28 所示。

图 7.1.27 第 5 张幻灯片效果

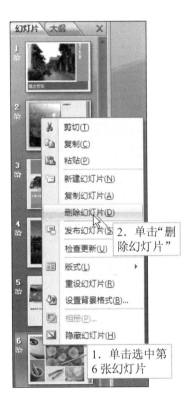

图 7.1.28 删除第 6 张幻灯片

第 8 步：将相册保存为"D:\ 计算机应用基础 \ 单元 7\ 魅力丽江 .pptx"，并单击 F5 键播放预览相册效果。

至此，用模板来制作自己的相册演示文稿完成。

【体验活动】

（1）制作一个简明的"自我介绍"演示文稿，保存位置为"D:\ 计算机应用基础 \ 单元 7\ 自我介绍 .pptx"，具体要求如下：

① 先写好自我介绍文案，文案中至少有自我介绍的提纲三条（如，基本情况、个人爱好、我的特长等），每条提纲至少包括两个要点，保存在名为"自我介绍文案"的 Word 文档中。

② 根据上述文案，完成演示文稿的制作，并播放观看效果。

（2）利用相册模板制作一个相册演示文稿，保存在"D:\ 计算机应用基础 \ 单元 7\ 难忘张家界 .ppts"，具体要求如下：

① 从网上下载一组张家界的风景图作为素材。

② 选择一个相册模板，从模板新建演示文稿。通过更替图片、文字、设置图片样式来完成作品。

③ 作品完成后打包发布，要求能在没有 PowerPoint 2007 的环境下也能运行。

【知识宝库】

（1）PowerPoint 2007 是微软公司推出的幻灯片制作与播放的软件，是 Office 2007 套装办公软件中的一员。它能帮助用户图文并茂地向听众表达自己的观点、传递信息、进行学术交流、展示产品等，它集文字、图形、声音、动画、视频等多媒体于一体，功能强大、使用简便、用途广泛。

（2）占位符：占位符是一种带有虚线或阴影线边缘的框，绝大部分幻灯片版式中都有这种框。在这些框内可以放置标题及正文，或者是图表、表格和图片等对象。

任务 7.2　使用超链接

【任务说明】

任务 7.1 中将文案提纲制作成演示文稿，演示文稿全部由文字组成，显得单调。本任务将在任务 7.1 基础上进行修改，增加主菜单、图片、背景音乐、超链接等，丰富演示文稿的表现形式，增强演示文稿效果。

素材准备：本任务将使用下列素材，将素材保存在"D:\ 计算机应用基础 \ 单元 7\ 小梅演说稿 2"文件夹中，如图 7.2.1 所示。

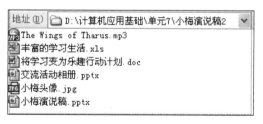

图 7.2.1　任务 7.2 素材

【任务目标】

（1）学会插入图片、剪贴画、SmartArt 图形，并能设置图片样式、形状、边框。

（2）学会文本框的使用、文字属性的设置。

（3）学会超链接的设置和使用，包括链接到文档内的指定幻灯片、外部文件等。

（4）学会背景音乐的插入与使用。

（5）学会返回按钮的设计与制作。

【实施步骤】

第 1 步：将所有素材复制到"D:\ 计算机应用基础 \ 单元 7\ 小梅演说稿 2"中。启动 PowerPoint 2007，打开"小梅的演说稿 .pptx"，并另存为"小梅的演说稿 2.pptx"。

第 2 步：加入背景音乐。

（1）选中第一张幻灯片，插入一个文件中的声音。如图 7.2.2 ～ 图 7.2.4 中标注的 1 ～ 6 步操作所示。将一个 mp3 文件插入到 PPT 中。

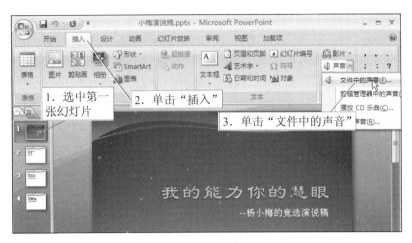

图 7.2.2 插入背景音乐（一）

图 7.2.3 插入背景音乐（二）

图 7.2.4 插入背景音乐（三）

（2）设置背景音乐播放属性。双击幻灯片上的声音图标，在"声音选项"设置声音播放的属性，如图 7.2.5 中标注的步骤 1 ～ 2 操作所示。这样设置，可以使背景音乐整个演示文稿运行期间一直播放。

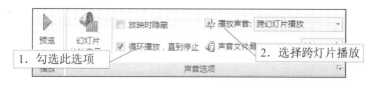

图 7.2.5 声音选项

第 3 步：制作演示文稿的"主菜单"。

（1）新建幻灯片。单击"开始"，选中第一张幻灯片，单击"新建幻灯片"下的小按钮，再单击"空白"幻灯片，新建了一张幻灯片。如图 7.2.6 所示。

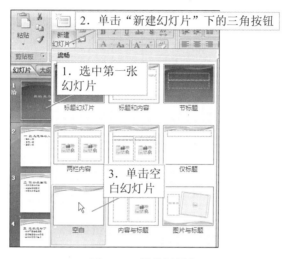

图 7.2.6 新建幻灯片

（2）插入 SmartArt 图形。单击"插入"，再单击"SmartArt"，选中"垂直 V 形列表"，单击"确定"，插入一个 SmartArt 图形。如图 7.2.7 所示。

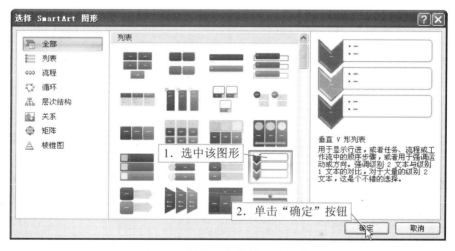

图 7.2.7 插入一个垂直 V 形列表

（3）插入菜单文字。在 [文本] 下面的二级列表行上输入菜单文字，并删除第二行。如图 7.2.8 所示。

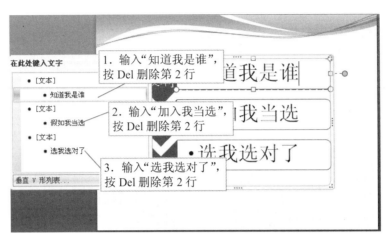

图 7.2.8　输入菜单文字

（4）修改 SmartArt 样式。选中垂直 V 形列表，单击"设计"菜单，选择"砖块场景"样式，效果如图 7.2.9 所示。

图 7.2.9　垂直 V 形列表应用"砖块场景"后的效果

（5）设置菜单项的超链接。通过超链接，可实现单击菜单项，跳转到指定到幻灯片。

先设置第一个菜单项到超链接，选中菜单项文字"知道我是谁"，右击，单击"超链接"命令，选择编号为 3 的幻灯片建立超链接，如图 7.2.10 ～图 7.2.11 中标注的 1 ～ 4 步操作所示。

按照类似的操作，将第二个菜单项"假如我当选"链接到编号为 4 到幻灯片，将第三个菜单项"选我选对了"链接到编号为 5 的幻灯片。

第 4 步：制作"返回"按钮。

（1）选中第三张幻灯片（"我是怎样的人"），单击"插入"菜单，再单击"形状"下拉按钮，单击"矩形"中的"圆角矩形"，如图 7.2.12 所示。

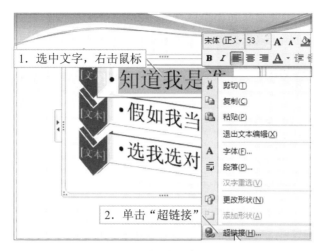

图 7.2.10 建立超链接（一）

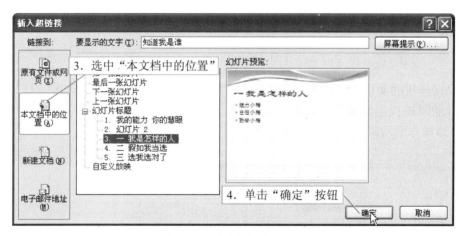

图 7.2.11 建立超链接（二）

图 7.2.12 单击形状中的圆角矩形

（2）在幻灯片的右下角画一个小圆角矩形，选中它，单击"格式"菜单（或双击圆角矩形），在"形状样式"中选择"中等效果-强调颜色 2"样式,右击圆角矩形,单击"编辑文字"命令,在圆角矩形中输入文字"返回"。效果如图 7.2.13 所示。

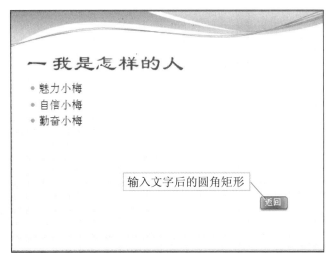

图 7.2.13　输入文字后效果

　　(3) 设置按钮的动作。选中圆角矩形,单击"插入"菜单项,再单击"动作",打开"动作设置"对话框,将单击按钮的动作设置成"超链接到"幻灯片 2(主菜单幻灯片)。如图 7.2.14 中标注的 1~4 步操作所示。

图 7.2.14　设置按钮的动作

　　(4) 选中"返回"按钮并复制,分别在第 4、5 张幻灯片上粘贴。在 3 张幻灯片上都有了相同的"返回"按钮。
　　第 5 步:插入图片,美化幻灯片效果。

（1）在第 3 张幻灯片中插入小梅的头像，设置图片形状及边框。

① 插入图片。选中编号为 3 的幻灯片，单击"插入"菜单，在"插图"菜单中单击"图片"，选中素材中的"小梅的头像 .jpg"，将图片插入到幻灯片中，如图 7.2.15 所示。

调整图片位置和大小至合适，设置图片的形状及边框效果。

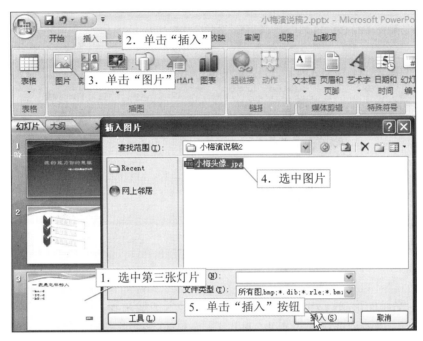

图 7.2.15 插入来自文件的图片

② 设置图片形状。选中头像图片，单击"格式"菜单（或直接双击头像图片），再单击"图片形状"，选中"泪滴形"，如图 7.2.16 中标注的 1 ～ 3 步操作所示，将图片设置成了"泪滴形"。

③ 设置图片边框。如图 7.2.17 中标注的 1 ～ 3 步所示，将图片设置成无边框。设置形状和边框后的幻灯片效果如图 7.2.18 所示。

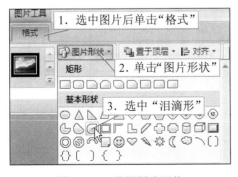

图 7.2.16 设置图片形状

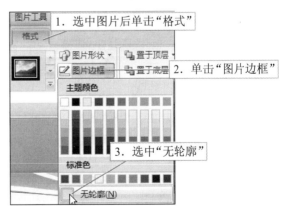

图 7.2.17 设置图片的边框

（2）在第 4 张幻灯片中插入剪贴画。

① 插入剪贴画。选中第 4 张幻灯片，单击"插入"菜单，再单击"剪贴画"，在"剪贴画"窗口中选中并双击"businessmen,computers,computing"，如图 7.2.19 所示。将剪贴画插入到幻灯片中，并调整其大小、位置至合适。

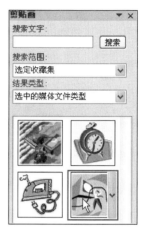

图 7.2.18　第 3 张幻灯片效果　　　　　　　　　　图 7.2.19　在幻灯片中插入剪贴画

② 设置剪贴画的形状、边框。选中幻灯片中刚插入的剪贴画，单击"格式"菜单（或者直接双击剪贴画），单击"图片形状"，设置为"流程图：资料带⚐"，并将其设置为无边框。幻灯片效果如图 7.2.20 所示。

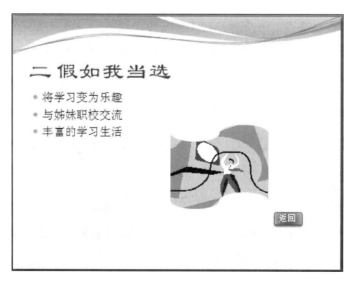

图 7.2.20　第 4 张幻灯片效果

第 6 步：为第 4 张幻灯片的"将学习变为乐趣"加入外部链接。

（1）选中第 4 张幻灯片，单击"插入"菜单，再单击文本对象类的"文本框"，选择"横排文本框"，在幻灯片上绘制一个文本框，并输入文字"[行动计划]"，如图 7.2.21 ～图 7.2.22 中标注的 1 ～ 5 步所示。

图 7.2.21　插入文本框（一）

图 7.2.22　插入文本框（二）

（2）插入外部超链接。选中文字"[行动计划]"，单击"插入"菜单，再单击"超链接"（或在选中文字后右击，单击菜单中的"编辑超链接"），打开"插入超链接"窗口，插入一个链接到外部 Word 文档的外部链接。如图 7.2.23 中标注的 1 ～ 2 步所示。

图 7.2.23　插入外部链接

> 📧 小贴士
>
> 　　超链接实现到目标的跳转。在 PowerPoint 中，文字、图片等各种对象均可设置超链接。选中对象，单击"插入"菜单，再单击"超链接"就可编辑超链接。插入超链接后的对象，在演示文稿运行情况下，鼠标指向对象时，鼠标指针会变成手形形状。超链接的目标可以是演示文稿内的一个幻灯片，如本任务中的第 2 张幻灯片（主菜单）中的三个菜单项，就是转到不同的幻灯片；超链接的目标也可以是外部文件，例如图 7.2.23 插入了一个跳转到 Word 文档的超链接，它会自动调用 Word 打开目标对象。

【技能拓展】

『说明』

　　在任务 7.2 中，演示文稿的背景音乐会一直播放，直到演示完稿完毕，无法实现控制。如何实现背景音乐的控制？在演示文稿运行期间实现暂停、继续播放等操作？

　　本技能拓展通过自定义动画、自定义按钮，实现控制背景音乐的播放、暂停、停止按钮的制作。

『准备』

　　在已经添加背景音乐的"小梅演示文稿 2.pptx"原有基础上改进。

『步骤』

（1）打开"小梅演示文稿 2.pptx"，并另存为"小梅演示文稿 2_1.pptx"。

（2）在第 1 张幻灯片上添加声音操作：播放、暂停、停止，如图 7.2.24 中标注的 1 ～ 6 步操作所示。

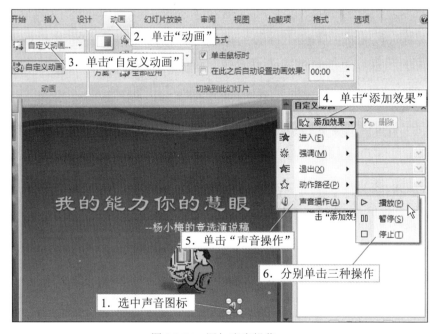

图 7.2.24　添加声音操作

　　添加了三种声音操作效果后，会看到如图 7.2.25 所示的系统界面。

（3）添加自定义按钮。单击"插入"，再单击"形状"，选中"动作按钮"中的"动作按钮：自定义"，在第一张幻灯片中画出三个自定义按钮，并右击自定按钮，单击"编辑文字"，将按钮的文本属性分别设置为"播放"、"暂停"、"停止"，完成后效果如图 7.2.26 所示。

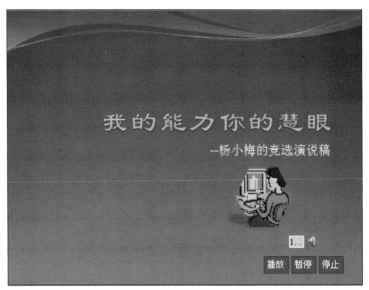

图 7.2.25　添加三种声音操作效果　　　　　　　图 7.2.26　添加三个自定义按钮

（4）设置声音操作的触发器。

① 选中声音图标，右击播放操作效果（播放图标 ▷ 的一行），单击"计时"，如图 7.2.27 所示。

② 设置触发器。将"播放"自定按钮与"播放"声音操作"关联"起来，如图 7.2.28 所示。

按照上述①～②的步骤，分别将"暂停"自定按钮与"暂停"声音操作"关联"，"停止"自定义按钮与"停止"声音操作"关联"。完成触发器的设置之后，保存，测试运行效果，观察三个自定按钮控制声音播放的效果。

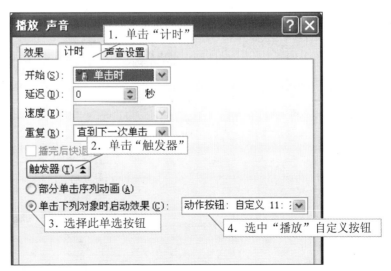

图 7.2.27　右击播放操作"计时"　　　　　　　图 7.2.28　设置触发器

【体验活动】

通过以下体验活动，进一步完善"小梅的演说稿 2.pptx"：

（1）第一张幻灯片：中插入一副剪贴画、设置小喇叭图标为隐藏。剪贴画图片形状设置为"六边形"，图片边框为"无轮廓"。同时，设置播放演示文稿时隐藏小喇叭图标。效果如图 7.2.29 所示。

图 7.2.29　第一张幻灯片效果

（2）第 4 张幻灯片：补充跳转到外部文件超链接。

① 完善素材内容。请按照给定的素材文件模板，为小梅的演讲补充内容：

"将学习变为乐趣行动计划 .doc"：描述具体的行动计划设想。

"交流活动相册 .pptx"：小梅组织和参加过活动图片相册。

"丰富的学习生活 .xls"：小梅设想的学习生活列表。

② 增加文本框"美好瞬间"，链接到素材文件中的"交流活动相册 .pptx"；增加文本框"活动列表"，链接到素材文件"丰富的学习生活 .xls"。文本框和超链接增加后，要运行测试看能否顺利打开外部文件。

效果如图 7.2.30 所示。

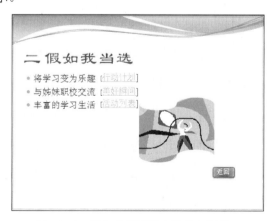

图 7.2.30　增加外部链接之后的幻灯片

（3）第 5 张幻灯片：在第 5 张幻灯片中插入一个剪贴画，图片样式设置为"圆形对角，白色"，效果如图 7.2.31 所示。

图 7.2.31 第 5 张幻灯片效果

（4）新增第 6 张幻灯片。效果如图 7.2.32 所示。

图 7.2.32 新增结束幻灯片

任务 7.3 使用母版导航条

【任务说明】

在任务 2 的基础上进一步修改，编辑、修改、美化幻灯片母版，制作导航条。并利用插入的形状对象，在母版页中设计制作导航条。为保证导航条在每个幻灯片上都能显示出较好的效果，本任务先在第 1 张幻灯片上应用第 2 张幻灯片的格式。之后对母版进行修改，并设计制作母版页导航条。

【任务目标】

（1）学会幻灯片母版页的编辑、修改及应用。

（2）学会对形状对象的格式设置，在形状中编辑文字，插入超链接。

（3）学会图案的复制、粘贴、旋转等操作，并对幻灯片页面进行美化操作。

（4）学会演示文稿中设计制作导航条。

【实施步骤】

第 1 步：打开任务 2 的制作结果"小梅演说稿 2.pptx"，并删除幻灯片 2（菜单页），并删除各幻灯片中的"返回"按钮，另存为"小梅演说稿 3.pptx"。

第 2 步：用格式刷将第 1 张幻灯片设置成第 2 张幻灯片的格式。选中第 2 张幻灯片，单击"开始"，单击格式刷图标，再单击第 1 张幻灯片，在第 1 张幻灯片上应用第 2 张幻灯片图标，如图 7.3.1 所示。

第 1 幻灯片格式化后效果如图 7.3.2 所示。

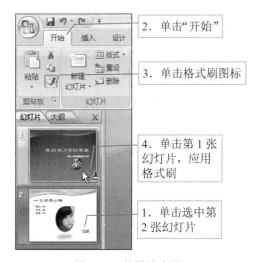

图 7.3.1　使用格式刷

图 7.3.2　应用幻灯片 1 格式后的幻灯片 2 效果

第 3 步：编辑修改幻灯片母版页。

（1）打开幻灯片母版页。如图 7.3.3 中标注的 1～3 步操作所示。

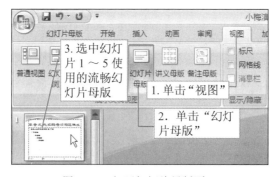

图 7.3.3　打开幻灯片母版页

（2）删除母版页中的占位符。因利用母版也制作导航条，暂将母版页中设置好的占位符删除。如，选中"单击此处编辑母版页标题样式"，此时该文本占位符显示一个带控点的矩形表示选中了，单击 Del 键删除。删除后的母版页效果如图 7.3.4 所示。

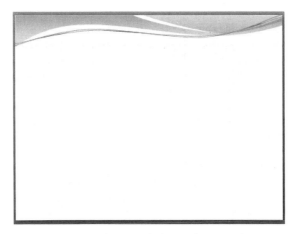

图 7.3.4 删除所有文本占位符之后的母版页

（3）美化母版页的页面。顶边的图案由连个图案组成，通过复制、粘贴、旋转后将幻灯片的底边设置成同样的效果。具体操作如图 7.3.5 中标注的 1 ～ 4 步所示。

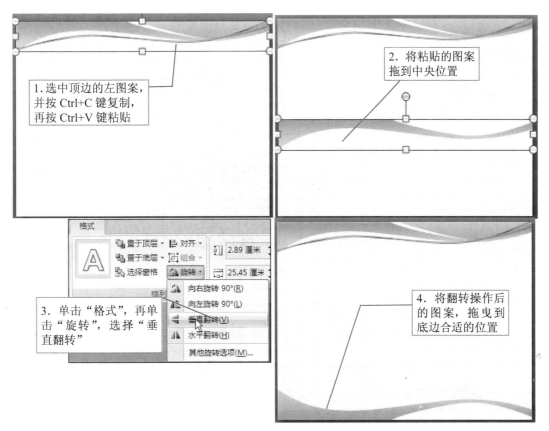

图 7.3.5 复制第一个图案翻转后拖放到底边

按同样的方式，对母版页顶边上的另一个图案作类似操作，如图 7.3.6 所示。

第 4 步：在母版页中制作导航条。

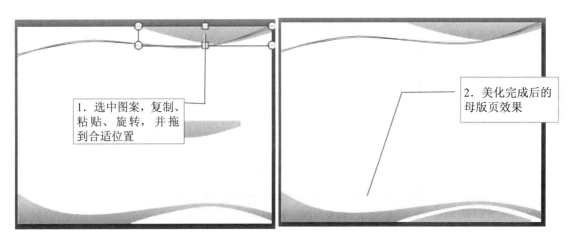

图 7.3.6　图案二的处理及母版页效果

（1）插入形状中"星与旗帜"内的"横卷形"图形。如图 7.3.7 中 1 ～ 4 步操作所示。

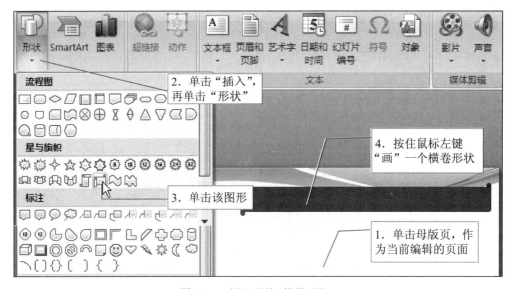

图 7.3.7　插入形状"横卷形"

（2）设计"横卷形"格式。如图 7.3.8 中标注的 1 ～ 4 步所示。

（3）在"横卷形"对象中编辑文字，添加超链接。先制作"认识杨小梅"的链接。如图 7.3.9 中标注的 1 ～ 4 步操作所示。

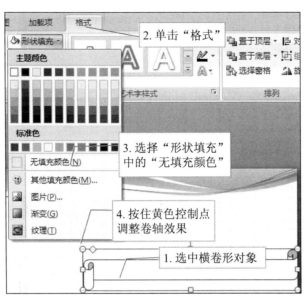

图 7.3.8 设计"横卷形"的格式

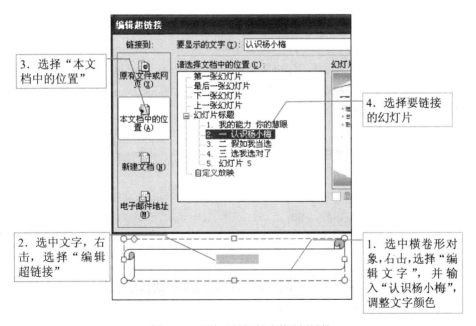

图 7.3.9 添加"认识杨小梅"超链接

　　按照类似的操作,再添加 2 个超链接:"假如我当选"链接到幻灯片 2"二 假如我当选","选我选对了"链接到幻灯片 3"三 选我选对了"。同时选中横卷形对象中所有文字,应用艺术字样式,如图 7.3.10 所示。

　　最后将调整横卷形对象的长度,并将其移动到母版页的右上角合适位置,如图 7.3.11 所示。

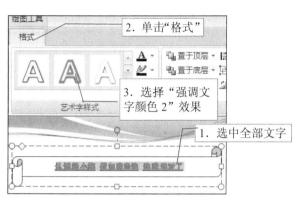

图 7.3.10　设置文字的艺术字样式

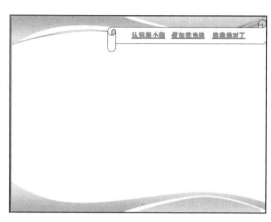

图 7.3.11　设置好导航条的幻灯片母版页

第 5 步：测试导航效果。单击保存按钮，单击"视图"，再单击"普通视图"，可看到所有的幻灯片都应用了母版页的效果。按 F5 键，播放设计好导航条的演示文稿，并测试导航条的效果。

【知识宝库】

幻灯片母版是幻灯片层次结构中的顶层幻灯片，用于存储有关演示文稿主题和幻灯片板式的信息，包括背景、颜色、字体、效果、占位符大小和位置。

每个演示文稿至少包含一个幻灯片母版。修改和使用母版，可以对整个演示文稿的每张幻灯片（包括以后添加到演示文稿中的幻灯片）进行统一演示的更改。使用幻灯片母版时，由于无需在多张幻灯片上输入相同的信息，因此节省了时间。

单击"视图"，再单击其中的"幻灯片母版"可对幻灯片母版进行编辑、修改，重新单击"普通视图"可返回到幻灯片视图并应用母版效果。

【体验活动】

设计一个"公司简介"的演示文稿，包括基本情况、公司业务、企业文化、发展规划等几个部分，每一个部分至少用一张幻灯片。设置母版，在母版中设计导航条，通过导航条能方便地打开各幻灯片。幻灯片的内容自拟。

任务 7.4　制作演示文稿的动画效果

【任务说明】

在任务 7.1 和 7.2 中制作的演示文稿，在播放时没有动画效果，每个幻灯片的切换比较生硬。本任务将制作完成"广州亚运"的宣传演示文稿，增加插入表格、图表、视频等对象，设置幻灯片的动画效果。

素材准备：本任务将使用下列素材，将素材保存在"D:\ 计算机应用基础 \ 单元 7\ 广州亚运演说稿"文件夹中。如图 7.4.1 所示。

图 7.4.1　任务 7.4 素材

【任务目标】

（1）学会插入表格、图表的方法。

（2）学会插入视频并使用。

（3）学会设置幻灯片中对象的动画效果。

（4）学会设置切换幻灯片的动画效果。

【实施步骤】

第 1 步：将所有素材复制到"D:\ 计算机应用基础 \ 单元 7\ 广州亚运演说稿"文件夹中。打开"广州亚运 .pptx"文件，如图 7.4.2 所示。

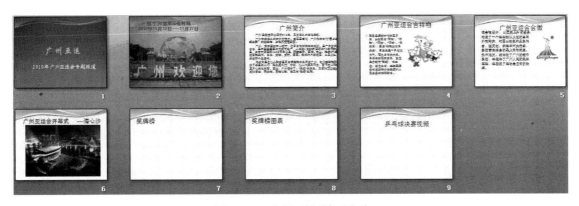

图 7.4.2　"广州亚运"演示文稿

第 2 步：设置第 7 ～ 9 张幻灯片版式为"标题和内容"。

在"普通视图"或"幻灯片浏览视图"下，选中第 7 张幻灯片，按住 Shift 键的同时，再选择第 9 张幻灯片，单击"开始"选项卡，在"版式"下拉菜单中选择"标题和内容"版式。

> ✿ 小提示
>
> 选一张幻灯片：直接单击所要的幻灯片。
>
> 选择不连续的幻灯片：按住 Ctrl 键单击所要的幻灯片。
>
> 选择连续的幻灯片：单击所选区域的第一张幻灯片，按住 Shift 键的同时，再单击所选区域的最后一张幻灯片。

第 3 步：在第 7 张幻灯片中插入表格。

选中第 7 张幻灯片，在内容窗格中单击"插入表格"，插入 6 行 6 列的表格，录入相应的内容。如图 7.4.3 ～图 7.4.4 标注的 1 ～ 4 步所示。

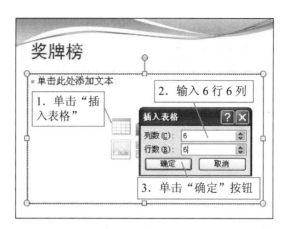

图 7.4.3　插入表格操作（一）

排名	国家/地区	金	银	铜	总数
1	中国	199	119	98	416
2	韩国	76	65	91	232
3	日本	48	74	94	216
4	伊朗	20	14	25	59
5	哈萨克斯坦	18	23	38	79

4. 录入内容

图 7.4.4　插入表格操作（二）

> **小提示**
>
> ①　插入表格的另一种方法是：单击"插入"选项卡，在"表格"下拉菜单中选择"插入表格"。
>
> ②　如果要对表格进行编辑，可参照 Word 中对表格的编辑方法。

第 4 步：在第 8 张幻灯片中插入图表。

（1）选中第 8 张幻灯片，在内容窗格中单击"插入图表"，选择图表类型，按图 7.4.5 所示操作。

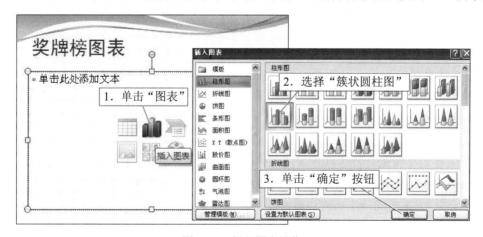

图 7.4.5　插入图表操作

（2）在弹出的 Excel 表中，修改图表数据，方法是：打开"D:\计算机应用基础\单元 7\ 广州亚运演说稿"文件夹中的"奖牌榜 .docx"文件，复制相应的内容，粘贴到 Excel 表中，如图 7.4.6 所示，数据粘贴完后，图表也随之变化，如图 7.4.7 所示。

	A	B	C	D	E
1	国家/地区	金	银	铜	总数
2	中国	199	119	98	416
3	韩国	76	65	91	232
4	日本	48	74	94	216
5	伊朗	20	14	25	59
6	哈萨克斯坦	18	23	38	79

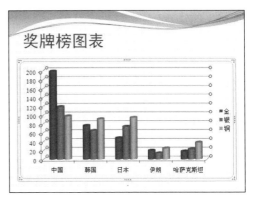

图 7.4.6　修改图表数据　　　　　　　图 7.4.7　创建的图表

小提示

① 插入图表的另一种方法是：单击"插入"选项卡，在"插图"组中单击"图表"。

② 如果要对图表进行修改操作，可参照 Excel 中对图表的编辑操作方法。

第 5 步：插入视频。

选中第 9 张幻灯片，在内容窗格中单击"插入媒体剪辑"，如图 7.4.8 所示，在弹出的对话框中选择影片为"D:\计算机应用基础\单元 7\广州亚运演说稿\乒乓球决赛 .MPG"文件，选择"在单击时"开始播放影片，结果如图 7.4.9 所示。

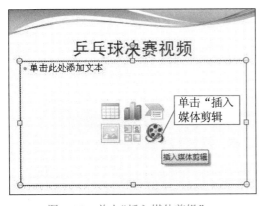

图 7.4.8　单击"插入媒体剪辑"

图 7.4.9　插入视频

小提示

① 插入视频的另一种方法是：单击"插入"选项卡，在"媒体剪辑"组中单击"影片"，选择"文件中的影片"。

② 在播放视频过程中，单击视频画面可暂停播放，当再次单击画面时又可继续播放。

第 6 步：设置幻灯片对象的动画效果。

将第 1 张幻灯片标题的动画效果设置为：自顶部飞入，速度非常快，鼓掌的声音，按字 / 词发送，单击鼠标启动动画效果。

选中第 1 张幻灯片，单击标题对象，按如图 7.4.10 ～图 7.4.12 中标注的 1 ～ 13 步操作所示。

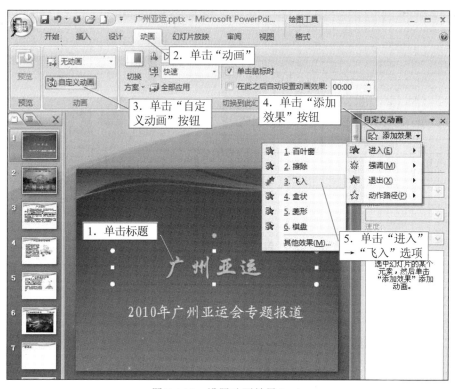

图 7.4.10　设置动画效果（一）

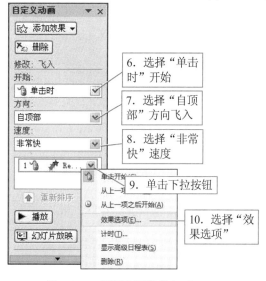

图 7.4.11　设置动画效果（二）

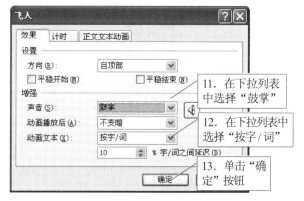

图 7.4.12　设置动画效果（三）

模仿以上操作,设置此幻灯片副标题的动画效果为:回旋,速度为中速,按字母发送,打字机的声音,单击鼠标启动动画效果。

此时,第 1 张幻灯片中两个对象的动画效果已设置完成,单击"自定义动画"任务窗格中最下方的"播放"按钮,可以预览此张幻灯片的动画效果。

模仿以上操作,设置其他幻灯片中各个对象的动画效果。

> 小贴士
>
> ① 更改动画播放顺序。幻灯片中多个对象设置了动画效果以后,在"自定义动画"任务窗格中显示该幻灯片中的所有动画效果列表,按照时间顺序排列并标号。如果对幻灯片中各个对象出现的顺序不满意,可以在动画效果列表中选择要移动的项目并将其拖到列表中的其他位置即可,还可以通过单击"↑"和"↓"按钮来调整动画顺序。
>
> ② 修改动画效果。如果对某个对象的动画效果不满意,则可以在"自定义动画"任务窗格下方的动画效果列表中选中该效果,单击"更改"按钮,操作方法与前面设置动画的方法一样。
>
> ③ 删除动画效果。在"自定义动画"任务窗格的动画效果列表中,选择要删除的动画效果,单击"删除"按钮。

第 7 步:设置幻灯片的切换效果。

(1) 设置全部幻灯片的切换方式为盒状展开,激光声音,速度为中速,单击鼠标换片。操作方法如图 7.4.13 所示。

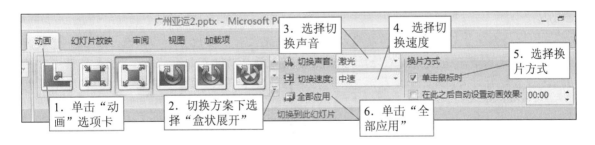

图 7.4.13 设置全部幻灯片的切换方式

(2) 设置第 1、3、5、7 张幻灯片切换方式

设置第 1、3、5、7 张幻灯片切换方式为横向棋盘式,速度为慢速,风铃声音,单击鼠标换片。

在"幻灯片浏览视图"方式下,操作步骤如图 7.4.14 所示。

图 7.4.14　设置第 1、3、5、7 张幻灯片的切换方式

小贴士

① 幻灯片的切换效果是在"幻灯片放映"视图中，从一个幻灯片移到下一个幻灯片时出现的动画效果。

② "换片方式"有两种："单击鼠标时"和"在此之后自动设置动画效果："。选择"单击鼠标时"就是人工单击鼠标控制进片；选择"在此之后自动设置动画效果："就是自动定时进片，要设置定时时间，如 02:00，表示 2 分钟之后自动换片；如果两者都选上，在播放时，以先发生的为准。

【体验活动】

通过以下体验活动，进一步完善"广州亚运 .pptx"：

（1）设置第 4 张幻灯片中对象的动画效果。

图片的动画效果为：水平百叶窗，速度为中速，激光的声音，单击鼠标启动动画。

标题的动画效果为：弹跳，速度为慢速，疾驰的声音，单击鼠标启动动画；

文本的动画效果为：阶梯状，速度为快速，鼓声的声音，单击鼠标启动动画；

要求第 4 张幻灯片动画播放顺序为：标题、图片、文本。

（2）设置第 2 张幻灯片的切换效果为：垂直梳理，速度为慢速，疾驰的声音，单击鼠标换页；设置第 4、6、8、9 张幻灯片的切换效果为：菱形，速度为中速，无声音，单击鼠标换页。

（3）在最后插入一张空白的幻灯片，插入影片为"D:\计算机应用基础\单元 7\广州亚运演说稿"文件夹中的"亚运海心沙夜景.MPG"文件，选择"在单击时"开始播放影片。

任务 7.5 播放演示文稿

【任务说明】

前面一直在进行幻灯片的编辑工作，本任务就是对"广州亚运 2.pptx"中幻灯片进行放映操作设置，增加排练计时和旁白录音，在放映过程中使用画笔进行标记等，增强演示效果。

【任务目标】

（1）学会放映幻灯片的方法。

（2）学会设置幻灯片放映方式。

（3）学会使用排练计时播放幻灯片。

（4）学会录制旁白。

（5）学会放映时使用画笔。

（6）学会页面设置和打印设置。

【实施步骤】

第 1 步：将素材复制到"D:\计算机应用基础\单元 7\广州亚运演说稿 2"中，打开"广州亚运 2.pptx"文件。

第 2 步：放映幻灯片。

（1）切换到幻灯片放映视图。选中第一张幻灯片，单击屏幕右下方的"幻灯片放映视图" 按钮，或直接按 F5 键，就可进入幻灯片放映状态，这时幻灯片将全屏显示。

每单击一次鼠标就会出现对象的动画效果或切换到下一张幻灯片，当幻灯片播放结束时，将会在黑色屏幕上提示"放映结束，单击鼠标退出放映"，单击鼠标后将退出放映状态，回到编辑状态。

小提示

在放映过程中，如果想要退出放映，直接按 Esc 键即可。

（2）放映时使用"荧光笔"在幻灯片上做标记。

当放映到第 4 张幻灯片时，要使用"荧光笔"对 5 只羊的名字进行特别标记。操作如下：

① 显示"荧光笔"。右击放映的幻灯片，按如图 7.5.1 所示操作。

② 按住鼠标左键，在"阿祥"、"阿和"、"阿如"、"阿意"、"乐羊羊"处进行标记。

③ 取消"荧光笔"。右击幻灯片，在快捷菜单中选择"指针选项"→"箭头"，结束标记状态，单击幻灯片，继续放映下一张幻灯片。

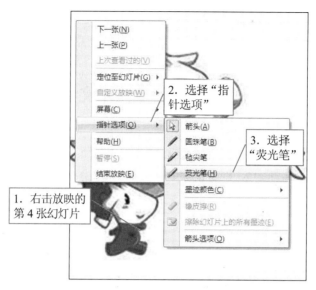

图 7.5.1　选择"荧光笔"

> 🌱 **小提示**
>
> 在放映过程中，如果不想使用快捷菜单来选择标记笔形，破坏演示文稿的连续性，可以按 Ctrl+P 组合键切换到"毡尖笔"的标记状态，标记结束后按 Ctrl+U 组合键切换回指针状态。

第 3 步：录制旁白

（1）选中第 5 张幻灯片，录制旁白，如图 7.5.2 ～图 7.5.3 中标注的 1 ～ 5 所示步骤。

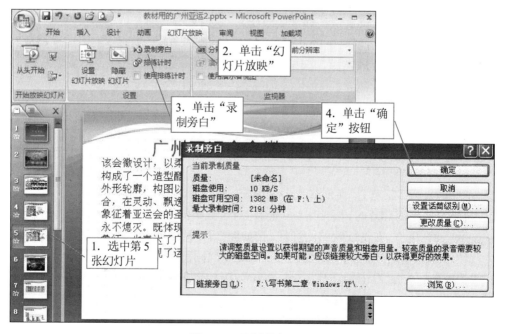

图 7.5.2　录制旁白（一）

（2）这时出现幻灯片放映视图，同时开始录制旁白，如果录制完成，按 Esc 键结束放映后，将出现一个对话框，如图 7.5.4 所示，单击"保存"按钮，保存幻灯片排练时间。录制旁白以后，幻灯片右下角会出现声音图标。

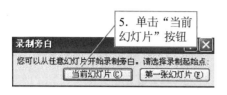

图 7.5.3 录制旁白（二）

图 7.5.4 保存提示

 小提示

如果要录制和播放收听旁白，计算机必须配备声卡、话筒和扬声器。

如果要暂停录制或继续录制旁白，右键单击幻灯片，然后在快捷菜单中，单击"暂停旁白"或"继续旁白"。

第 4 步：设置"排练计时"。

要想在播放时，对每张幻灯片的每一项内容定制时间，或者对每张幻灯片设置不同的切换时间，就要对幻灯片进行"排练计时"操作，设置"排练计时"的操作步骤如下：

① 单击"幻灯片放映"选项卡，在"设置"组中单击"排练计时"按钮，进入放映排练状态，并打开"预演"工具栏，如图 7.5.5 所示。

② 单击"预演"工具栏中的"下一项"按钮，排练下一项的放映时间；单击"暂停"按钮，暂停计时，再次单击则继续计时；单击"重复"按钮，可重新为当前幻灯片排练计时。

③ 在放映过程中，按 Esc 键则退出放映，或放映结束时，就会弹出如图 7.5.6 所示对话框。

图 7.5.5 "预演"工具栏

图 7.5.6 提示是否保存排练时间

④ 在该对话框中单击"是"按钮，确认保留排练计时，这时弹出幻灯片的浏览视图，在每张幻灯片左下角显示该幻灯片的放映时间，如图 7.5.7 所示。

⑤ 按 F5 键放映幻灯片，观看排练计时效果，放映时就会自动换片。如果要修改时间，直接在"动画"选项卡的"切换到此幻灯片"组中修改"在此之后自动设置动画效果："的时间。

图 7.5.7 排练计时结束后的效果

第 5 步：自定义幻灯片放映。

设置放映时只要求播放第 1、3、4、5、6 和 7 张幻灯片，操作方法如图 7.5.8～图 7.5.11 中标注的 1～9 步所示。

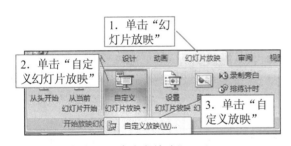

图 7.5.8 "自定义放映"（一）

图 7.5.9 "自定义放映"（二）

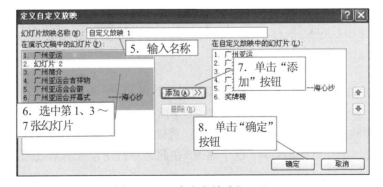

图 7.5.10 "自定义放映"（三）

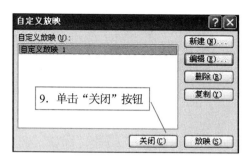

图 7.5.11 "自定义放映"（四）

第 6 步：设置放映方式。

要放映"自定义放映"的幻灯片，按图 7.5.12 ～图 7.5.13 中标记的 1 ～ 6 所示操作步骤。

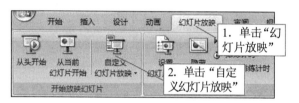

图 7.5.12 设置幻灯片放映方式（一）

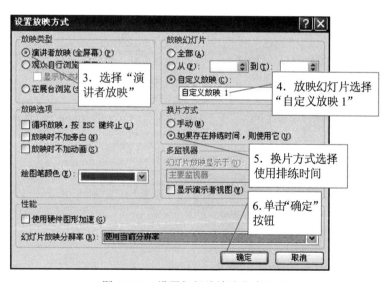

图 7.5.13 设置幻灯片放映方式（二）

设置完放映方式后，按 F5 键，放映的就是"自定义放映 1"幻灯片。

> 🔖 **小提示**
>
> 要放映"自定义放映 1"幻灯片,还可用如下方法:在"幻灯片放映"选项卡下,单击"自定义幻灯片放映"按钮,在下拉菜单中选择"自定义放映 1"即可。

【技能拓展】

(1) 对演示文稿进行页面设置。

要打印演示文稿之前,先设置幻灯片大小、方向等,如图 7.5.14 ~图 7.5.15 中标记的 1 ~ 6 步所示操作。

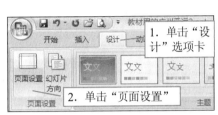

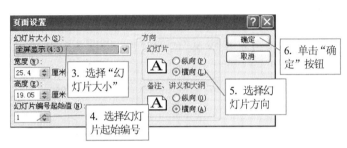

图 7.5.14 页面设置(一)　　　　　　　图 7.5.15 页面设置(二)

(2) 打印演示文稿。

演示文稿制作完毕后,除了在计算机中放映展示外,经常需要将幻灯片打印出来供浏览和保存。设置打印演示文稿的操作如图 7.5.16 ~图 7.5.17 中标记的 1 ~ 6 步所示。

图 7.5.16 打印设置(一)

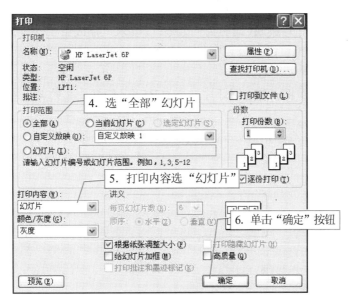

图 7.5.17 打印设置（二）

小提示

在图 7.5.17 中，打印内容选为"幻灯片"选项时，每一页纸都将打印一张幻灯片，打印的结果与普通视图中所见到的基本一样。

如果打印内容选为"讲义"选项时，如图 7.5.18 所示，就要在右侧的"讲义"栏中输入"每页幻灯片数"、选择排列"顺序"；使用"讲义"选项可在一页纸中打印多张幻灯片，而且能打印出幻灯片中的所有内容，所以这是一个最常用的打印方式。

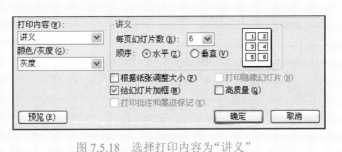

图 7.5.18 选择打印内容为"讲义"

【体验活动】

打开"D:\计算机应用基础\单元 7\小梅演说稿 2\小梅的演说稿 2.pptx"文件，并另存为"小梅的演说稿 3.pptx"，进行下列操作：

（1）选中第 1 张幻灯片，单击屏幕右下方的 按钮，练习手动放映幻灯片，当放映到第 3 张幻灯片时，用画笔在"魅力"、"自信"、"勤奋"处做标记，然后再继续放映后面的幻灯片，直到结束。

（2）对所有幻灯片进行"排练计时"操作并保存排练时间。

（3）创建一自定义幻灯片放映，命名为"放映 1"，要求只播放第 1、3、4、5、6 张幻灯片。

（4）设置放映幻灯片为自定义放映"放映 1"，放映类型为"在展台浏览"，换片方式使用排练时间，设置完后，按 F5 键放映幻灯片。

（5）对该幻灯片进行页面设置：幻灯片大小为 B5 纸，幻灯片起始编号为 10，幻灯片、备注、讲义和大纲都为横向。

（6）打印全部幻灯片，打印内容为讲义，每页为 4 张，水平顺序排列。

附录　五笔字根 86 版

金钅车儿 勹刂乂川 勹夕匚 35 Q	人 亻 八 癶 34 W	月 刂 用 用 彡 灬 乃 乂 豕 33 E	白手扌 彡 ⼍ 斤 32 R	禾 钅 竹 丿 ⼂ 夂 彳 31 T
工 艹 廿 茻 七 弋 戈 15 A	匚 丁 木 西 14 S	大犬古石 三手龵 厂ナナ 13 D	又 マ ム 巴 马 54 C	土士干 二十寸 雨 12 F
言讠文方 ㇏㇀ 亠广 41 Y	立六亠辛 冫丬丷 疒门 42 U	水氵氺⺡ ⺌ ⺍ 小 43 I	火 ⺌ 小 灬 米 44 O	之辶廴 宀冖 力 45 P

纟 幺 乡 弓 匕 55 X	子孑了 也耳 阝卩 丩 52 B	女刀九 彐 白 53 V	巳巴己己 乙尸尸 心忄小羽 51 N
王 一 五 戋 11 G	目 丨上卜广 止 龰 21 H	日曰⺜早 刂丿刂 虫 22 J	口 川 23 K
			田甲口 四罒皿 车 力 24 L
			山由贝 冂 ⺹ 儿 25 M

11G 王旁青头戋五一
12F 土士二干十寸雨
13D 大犬三(羊)古石厂
14S 木丁西
15A 工戈草头右框七
21H 目具上止卜虎皮
22J 日早两竖与虫依
23K 口与川，字根稀
24L 田甲方框四车力
25M 山由贝，下框儿

31T 禾竹一撇双人立
　　反文条头共三一
32R 白手看头三二斤
33E 月彡(衫)乃用家
　　衣底
34W 人和八，三四里
35Q 金勺缺点无尾鱼，
　　犬旁留叉儿一点夕，
　　氏无七(妻)

41Y 言文方广在四一
42U 立辛两点六门疒
43I 水旁兴头小倒立
44O 火业头，四点米
45P 之宝盖，摘礻
　　(示)衤(衣)

51N 已半巳满不出己
52B 子耳了也框向上
53V 女刀九臼山朝西
54C 又巴马，丢矢矣
55X 慈母无心弓和匕，
　　幼无力

郑重声明

高等教育出版社依法对本书享有专有出版权。任何未经许可的复制、销售行为均违反《中华人民共和国著作权法》，其行为人将承担相应的民事责任和行政责任；构成犯罪的，将被依法追究刑事责任。为了维护市场秩序，保护读者的合法权益，避免读者误用盗版书造成不良后果，我社将配合行政执法部门和司法机关对违法犯罪的单位和个人进行严厉打击。社会各界人士如发现上述侵权行为，希望及时举报，本社将奖励举报有功人员。

反盗版举报电话　　（010）58581897　58582371　58581879

反盗版举报传真　　（010）82086060

反盗版举报邮箱　　dd@hep.com.cn

通信地址　　北京市西城区德外大街4号　高等教育出版社法务部

邮政编码　　100120

短信防伪说明

本图书采用出版物短信防伪系统，用户购书后刮开封底防伪密码涂层，将16位防伪密码发送短信至106695881280，免费查询所购图书真伪，同时您将有机会参加鼓励使用正版图书的抽奖活动，赢取各类奖项，详情请查询中国扫黄打非网（http://www.shdf.gov.cn）。

反盗版短信举报

编辑短信"JB，图书名称，出版社，购买地点"发送至10669588128

短信防伪客服电话

（010）58582300

学习卡账号使用说明

本书所附防伪标兼有学习卡功能，登录"http://sve.hep.com.cn"或"http://sv.hep.com.cn"进入高等教育出版社中职网站，可了解中职教学动态、教材信息等；按如下方法注册后，可进行网上学习及教学资源下载：

（1）在中职网站首页选择相关专业课程教学资源网，点击后进入。

（2）在专业课程教学资源网页面上"我的学习中心"中，使用个人邮箱注册账号，并完成注册验证。

（3）注册成功后，邮箱地址即为登录账号。

学生：登录后点击"学生充值"，用本书封底上的仿伪明码和密码进行充值，可在一定时间内获得相应课程学习权限与积分。学生可上网学习、下载资源和提问等。

中职教师：通过收集5个防伪明码和密码，登录后点击"申请教师"→"升级成为中职计算机课程教师"，填写相关信息，升级成为教师会员，可在一定时间内获得授课教案、教学演示文稿、教学素材等相关教学资源。

使用本学习卡账号如有任何问题，请发邮件至："4a_admin_zz@pub.hep.cn"。